职业教育机械类改革创新系列教材

创新设计
理论与方法

杜春宽　李正峰　主　编
宋秦中　副主编

第二版

Innovation Design
Theory and Method

化学工业出版社
·北京·

内容简介

本书系统地介绍了创新设计理论与方法，全书共分十章，主要介绍了常用的创新设计理论、创新思维和创新技法、系统的资源分析和功能分析，TRIZ 理论的 40 个发明原理、技术矛盾和物理矛盾解决方法、物 - 场分析方法、技术系统的进化及其应用、TRIZ+AI 模式以及创新设计案例等，构建了“学习目标 - 案例引入 - 知识内容 - 案例分析 - 本章小结”内容结构体系。

本书具有通俗易懂、图文并茂、言简意赅、案例丰富、便于自学等优点，可作为高等职业教育机械类专业的创新设计课程教材，也可以作为工程技术人员的培训教材或参考书。

图书在版编目（CIP）数据

创新设计理论与方法 / 杜春宽，李正峰主编．2 版．-- 北京 ：化学工业出版社，2024. 11. --（职业教育机械类改革创新系列教材）. -- ISBN 978-7-122-34674-2

Ⅰ. TH122

中国国家版本馆 CIP 数据核字第 2024GA6380 号

责任编辑：杨　琪　葛瑞祎　　　　装帧设计：张　辉
责任校对：田睿涵

出版发行：化学工业出版社
（北京市东城区青年湖南街 13 号　邮政编码 100011）
印　　装：河北延风印务有限公司
710mm×1000mm　1/16　印张 $12^3/_4$　插页 3　字数 201 千字
2025 年 2 月北京第 2 版第 1 次印刷

购书咨询：010-64518888　　　　售后服务：010-64518899
网　　址：http://www.cip.com.cn
凡购买本书，如有缺损质量问题，本社销售中心负责调换。

定　　价：39.00 元

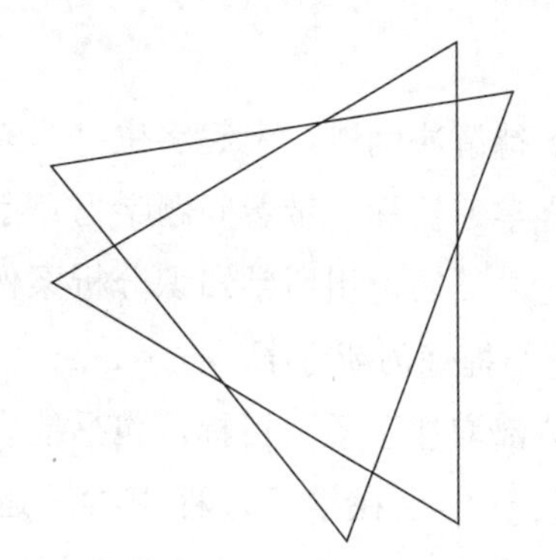

第二版前言

当前，我国正迈入高质量发展阶段，产业结构持续转型升级，新一轮科技革命和产业变革与我国加快转变经济发展方式形成历史性交汇，需要加快形成与高质量发展格局和中国式现代化要求相适应的新质生产力。党的二十大报告指出，必须坚持科技是第一生产力、人才是第一资源、创新是第一动力，深入实施科教兴国战略、人才强国战略、创新驱动发展战略，开辟发展新领域新赛道，不断塑造发展新动能新优势。以创新驱动发展为本已成为我国制造业由大变强的重要态势。创新的事业呼唤创新人才，培养创新人才是职业院校的重要任务之一，因此开展创新教育显得尤为迫切。

本书在进行第二版修订中既考虑每个章节内容独立性、完整性，又考虑其所阐述知识点的逻辑衔接性。因此编者对书中各章节内容进行精心安排与调整，使读者可循序渐进、由浅入深地掌握 TRIZ 理论的基本知识与方法，进而可逐步掌握创新设计的完整思路和设计步骤。主要进行了以下几项内容修订。

1. 构架了“学习目标 - 案例引入 - 知识内容 - 案例分析 - 本章小结”的章节内容结构形式，实现案例引入、理论学习、案例分析和总结的知识讲解体系。在第三、第五至第七章中，结合章节内容特点设计了项目案例，用“案例引入”提出与章节内容相关的待解决问题，引起学生学习兴趣、明确学习目标，学生围绕学习目标、带着问题学习章节内容，针对性强、学习效果佳，然后再用所学知识分析案例问题、提出解决方案，最后总结提炼创新方案。

2. 每个章节都增加了学习目标，包括能力目标、知识目标、素质目标，让学生在学习过程中尝试运用所学章节知识分析案例并提出解决方案，提高分析问题和解决问题的能力。

3. 对部分章节内容进行了梳理和调整，增加了创新设计方面的新知识，设计了可操作性强的应用案例，使内容体系更加完善，结构更加合理，逻辑更加清晰，符合学生学习规律，也利于开展教学。

4. 新增第九章“TRIZ+AI 模式”，介绍了现代技术与 TRIZ 经典理论的融合，阐述了动态矛盾矩阵与多元灵感推送模式及创新灵感启发程序的核心功能，并通过基于大语言模型的对话功能实现人机协作。通过实际案例，详细介绍了问题描述与分析、问题输入、通用工程参数选择、灵感启发和 TRIZ 理论解决策略应用等 TRIZ+AI 问题解决流程，展示了 TRIZ+AI 模式在实际应用中的潜力和效果。

5. 增加学习视频和案例库等数字资源，丰富学习资料。章节案例制作成短视频，有效辅助章节教学和学生自学；案例注重引导学生主动思考，通过问题描述、问题分析、提出方案等结构形式，引导学生思考、分析和解决问题，培养学生独立解决问题的能力；书中应用更多的图表，使得理论知识更加直观易懂，提高了可读性和案例分析的可操作性。另外，本书附送 TRIZ 理论技术矛盾应用软件资源包（创易 V1.0），读者可在化工教育网站（www.cipedu.com.cn）免费下载使用。

全书由杜春宽、李正峰任主编，宋秦中任副主编。编写分工如下：无锡商业职业技术学院杜春宽修订第三、第五与

第八章，南通理工学院李正峰修订第一、第四与第十章，苏州职业技术大学宋秦中修订第二章，无锡商业职业技术学院张云修订第六章，江苏电子信息职业学院冯金冰修订第七章，阿勒泰职业技术学院蔚福强编写第九章和进行数字资源整理。华盛企联（北京）技术培训中心和无锡市新湖冷拔校直机厂提供了书中部分实际案例，在此表示感谢。

本书在编写过程中，参考了有关著作和文献资料，在此一并向编者表示真诚的感谢。

由于编者水平有限，书中难免出现疏漏或不足之处，恳请读者批评指正。

编 者

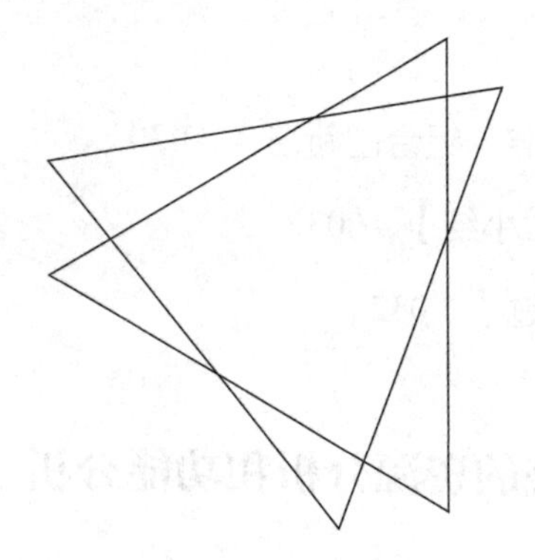

目录

第一章 绪论

第二章 创新思维和创新技法

第十章　基于 TRIZ 理论的创新设计案例

参考文献

附录　阿奇舒勒矛盾矩阵表

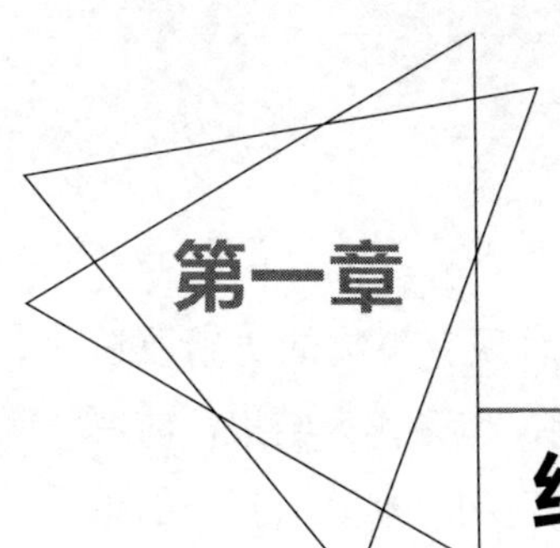

第一章 绪 论

【学习目标】

能力目标：

能够有意识选择 TRIZ 理论分析和解决发明问题。

知识目标：

了解创造与创新的概念及其区别；

了解 TRIZ 创新理论的基本内容。

素质目标：

通过创新基础知识讲授，提高学生创新意识，强化创新观念。

【知识内容】

在实际生产和生活中，特别是在技术系统和产品设计中，人们经常会遇到各种各样的技术问题，能否用创新思维和方法帮助人们有效地解决这些问题广受关注。然而，创新设计是一个十分复杂的系统工程，在创新过程中会遇到各种各样的问题，为了寻求问题的解决方案，常常会消耗大量时间，严重影响创新的进程和效率，而最终找到的方法可能不是先进的和最佳的。那么如何使创新者在很短的时间里找到所要解决问题的方案呢？许多发明家做了艰苦探索，提出了多种理论和方法。目前最有影响力的当属前苏联发明家协会主席根里奇·阿奇舒勒先生创立的 TRIZ 理论（发明问题解决理论）。如今，TRIZ 理论已成为创新设计的利器，它可以帮助人们解决那些“看似不可能解决的问题”，创造出成千上万项发明成果。本章主要介绍创造与创新的基本概念、TRIZ 理论的起源和发展等。

第一节　创造与创新

创造表示一个从无到有的发生过程，创新则体现在对现有事物的更新改造过程中。二者虽然都能给予认识主体一种“全新的”感觉，但是作为结果，前者意味着“从未见过”的结果，后者给人一种“旧貌换新颜”和“推陈出新”的感觉。所以，创造与创新的根本区别在于“出新”的前提是“有”还是“无”。

一、创造

（一）创造的内涵

到目前为止，中外关于“创造”的内涵还没有统一的认识，简单地说，创造就是解决新问题、进行新组合、发现新思想、发展新理论。

（二）创造的特性

综合分析，创造具有以下 5 个特性。

① 创造的主体性。即创造主体必须是现实的人，即现实的个人或群体。

② 创造的控制性。即任何一种创造都是主体有目的地控制、调节客体的一种活动，是主体为实现自己的目标而使活动作用于自身客体、自然客体、社会客体，并在创造活动中有控制地进行信息、物质和能量的交换。

③ 创造的新颖性。即凡是创造就意味着一种创造活动必须要能产生出一种前所未有的新成果。

④ 创造的功利性和进步性。即任何一种创造活动的成果必须是具有社会价值的、有利于社会进步的。

⑤ 创造的综合性。即任何一种创造都是主体辩证地综合来自各方面的信息，重新组织新信息的过程。从这个意义上说，综合就是创造。

上述特性的要点是：创造的主体是人；创造是人有目的地控制和调节的活动；这种活动的产物是新颖的，前所未有的；这些产物要有社会价值；创造活动离不开综合信息、重组信息的过程。

（三）创造的形式

创造是多种多样的，创造心理学家泰勒（L.Taylor）曾根据创造产品的性质

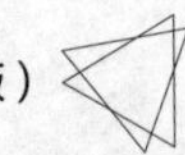

与复杂性而将创造分为以下 5 种形式。

① 即兴式创造（Expressive Creativity）。这种创造往往是即兴而发，不计（产品的）高低与上下，不计作用与效果，是一种快乐的、表露式的创造活动。泰勒认为这是其他各种创造的基础。

② 技术性创造（Technical Creativity）。这种创造采用各种技术以产生完美的产品。这种创造是以技术性、实用性、乐观性、精密性、优美性为其特点的。创造者可以模仿、应用已有原理、原则，以解决具体的实际问题，并不注重产品的创新程度。

③ 发明创造（Inventive Creativity）。这种创造不产生新的原理、原则，但产品有较强的创新性和实用性。如爱迪生的电灯、贝尔的电话、瓦特的蒸汽机等。

④ 革新创造（Innovative Creativity）。创造者必须有高度抽象化、概念化的技巧，以及敏锐的观察力与领悟力，以洞察隐藏在原理、原则，以及各种概念背后的真相。除此之外，他们还必须具备各种必要的知识，尤其对于所需要改造的领域必须有充分了解，方能发掘问题，产生革新的成果。

⑤ 深奥的创造（Imaginative Creativity）。例如量子论、相对论都属深奥的创造，没有专门、扎实的物理基础，就无法掌握这些理论。

以上 5 种形式的创造，除了第一种之外，其他各种创造都是解决问题的过程。即使是即兴式创造，也与解决问题的过程有密切联系。同时，即兴式创造又是其他创造的基础，所以其他形式创造也包含着知、情、意高度和谐，真、善、美有机统一的追求。

（四）如何创造

对于一个国家、一个民族而言，创造、创新是灵魂。对于一个人而言，前苏联文学家高尔基说得好：“生命的意义在于创造，而创造是独立存在的，无止境的”。那么如何创造呢？伟大的实践者们给出了明确答案。

① 首先要充满自信，不怕权威，不从俗，善于怀疑。

② 要敢为人先，自觉献身自己所从事的事业。

③ 善于发现、把握、坚持真理。

④ 善抓灵感，灵感是指思维过程中的“顿悟”。

⑤ 学会合作。

二、创新

（一）创新的内涵

“创新”这一概念，最初是由美籍奥地利经济学家约瑟夫·阿罗斯·熊彼特（Joseph Alois Schumpeter，1883—1950）提出的。1912年在其德文版《经济发展理论》一书中，首次使用了创新（Innovation）一词。他将创新定义为“新的生产函数的建立”，即“企业家对生产要素的新的组合”，也就是把一种从来没有过的生产要素和生产条件的“新组合”引入生产体系。他认为创新包括5种情况：

① 引入一种新产品；

② 引入一种新的生产方法；

③ 开辟一个新的市场；

④ 获得原材料或半成品的一种新的供应来源；

⑤ 实行一种新的企业组织形式。

由此可见，创新概念包含的范围很广，可以说各种能提高资源配置效率的活动都是创新。其中，既有涉及技术性变化的创新，如技术创新、产品创新、工艺创新；也有涉及非技术性变化的创新，如制度创新、政策创新、组织创新、管理创新、市场创新、观念创新等。

（二）创新的特性

综合分析，创新具有以下几个特性。

① 新颖性：世界新颖性或绝对新颖性，主要指发明专利，比如爱迪生发明电灯、莱特兄弟发明飞机；局部新颖性，主要是指实用新型专利，是对某些方面的改良或结构上的改进；主观新颖性，指对创造者个人来说是前所未有，这属于认知上的问题，是个人进步的表现。

② 具有价值：这个特点与新颖性高度相关，世界新颖性的价值层次最高，局部新颖性次之，主观新颖性再次之（有时可能只对创造者个人有价值，属于个人的价值，也是有价值的）。

③ 相对优越性：相对优越性是指人们认为某项创新比被其所取代的原有技术优越的程度。相对优越程度常可用经济获利性表示，但也可用社会方面或其他方

面的指标来评价。

④ 一致性：一致性是指人们认为某项创新同现行的价值观念、以往的经验，以及潜在使用者的需要相适应的程度。某项创新的适应程度越高，意味着它对潜在使用者的不确定性越小。

⑤ 复杂性：复杂性是指人们认为某项创新理解和使用起来相对困难的程度。有些创新的实施需要复杂的知识和技术，有些则不然，根据复杂程度可以对创新进行归类。

⑥ 可试验性：可试验性是指某项创新可以小规模地被试验的程度。使用者倾向于接受已经进行了小规模试验的创新，因为直接的大规模采用有很大的不确定性，因而有很大的风险。

⑦ 可观察性：技术通常包括硬件和软件两个方面，一般而言，技术创新的软件成果不那么容易被观察，所以某项创新的软件成分越大，其可观察性就越差，采用率就会受到较大的影响。

创新的实质是创新思维。因此，要深入理解“创新思维”，需把握好以下4个方面的问题：

① 求同性思维与求异性思维的结合；

② 发散性思维与收敛性思维的结合；

③ 反向思维与正向思维的结合；

④ 系统性思维。

（三）创新的形式

创新与创造一样，其形式也是多种多样的，主要有以下7种。

① 思维创新。思维创新是一切创新的前提。任何人都不要封闭自己的思想，若形成思维定势，就会严重阻碍创新。

② 产品（服务）创新。对于工业企业来说，是产品创新；对于服务业来说，就是服务创新。

③ 技术创新。主要是指生产工艺、方式、方法等方面的创新。

④ 组织和机制创新。主要是指企业环境或个人环境方面的创新，其中包括内部环境和外部环境两个方面，是机体所处氛围。

⑤ 管理创新。是指管理对象、管理机构、管理信息系统、管理方法等方面的创新。

⑥ 营销创新。是指营销策略、渠道、方法等方面的创新，是一个非常值得探讨的领域。

⑦ 企业文化创新。是指企业及其成员的言和行方面的创新，是一个较广的话题。

此外，根据对外依存度的不同，自主创新可分为以下 3 种形式。

① 原始创新。以获取科学发现和技术发明为目的。

② 集成创新。将各种相关技术有机融合，形成新产品、新产业。

③ 引进、消化、吸收后再创新。

自主创新能力是国家竞争力的核心，未来一个国家在国际竞争和世界总格局中的地位，越来越取决于其自主创新的能力。

（四）如何创新

如何创新，按照盖烈夫的观点，可归纳为以下 5 个“要点”、20 个“字”。

① 善于发现。我们改造世界的活动很简单，无非三个步骤：发现问题、分析问题和解决问题。但单是第一个步骤，从古至今就不知难倒了多少个英雄好汉。发现问题的确是一个艰苦的过程，因为问题从来就不在生活的表象，所以不仅要仔细地观察，更要深入细致地思考。看不到问题的根源，谈不上分析问题，就找不到解决的办法。发现问题不但需要敏锐的观察力、缜密的思考力，还要有敢想敢干的魄力。只有善于发现问题，才能解决问题，才能创新。

② 善于探索。事物发展都是有规律的，要善于发现规律，培养善于科学探索的兴趣，坚持真理，不断实践。

③ 善于模仿。模仿和造假是两个本质完全不同的概念，不是一回事。模仿必须是有深度、有新意、有特色的模仿，若发明不出来、制造不出来、设计不出来，完全有理由去模仿。

④ 善于假设。什么叫假设？假设就是换一种思维方式来解决问题，就是基于某种事物的假设。实际上就是通过突破惯性思维来进行发明创新。

⑤ 善于联想。我们现在的联想是什么？是在商品经济条件下，产品与市场如何才能有机融合，产生效用的联想。杨利伟、费俊龙、聂海胜等航天员坐在神舟五号和神舟六号单人舱或是双人舱内，使用的那个“操纵杆”，就是设计者看到坐在椅子上的女工用一根筷子延长手臂操作电梯而联想出来的。这类例子，可谓不胜枚举。

第二节 创新设计理论简介

创新设计理论在产品创新中起着重要的作用，因此，各国的理论工作者一直对此进行研究，并提出了多种设计理论。这里仅介绍几个著名的创新设计理论。

一、普适设计方法学

世界公认的权威创新设计理论，是德国 Gerhard Pahl 和 Wolfgang Beitz 两位工程学教授的普适设计方法学（Comprehensive Design Methodology）。该设计方法学给出了设计人员在每一设计阶段的工作步骤和计划，这些计划包括策略、规则、原理，从而形成一个完整的设计过程模型。一个特定产品的设计可完全按该过程模型进行，也可选择其中的一部分使用。Pahl 和 Beitz 在其 1984 年出版的《Engineer Design》一书中，把传统的产品设计分为明确任务、概念设计、技术设计和施工设计四个阶段。其中，明确任务是分析市场需求，确定新产品的定位；概念设计包括功能、原理、结构、布局和外形五个方面，它确定了产品的大部分消费者可认知特性，是产品设计中的关键阶段，也是可塑性最强的一环，是体现产品设计创新性的关键，尤其是外形设计更能发挥设计师的创造性；技术设计为概念设计的要求服务，是传统意义上的技术创新的发挥阶段。市场需求及与之对应的产品定位可以驱动概念设计的创新，并带动技术创新，反之也有促进作用。

二、公理性设计理论

美国公理性设计（Axiomatic Design）理论是美国以 Suh 为首的设计理论研究小组所提出的设计理论。公理性设计理论的核心为：转换过程中的功能与设计参数应满足独立性与最小信息两条公理。如果这两条公理能满足，则原理解是优化的解。公理性设计已有很多应用实例，美国一些企业及大学的学生采用该理论完成了一些产品的设计。这一理论中的“独立性”指创新制作的困难在于找到一个或多个独立的矛盾；“最小信息”指尽管不同的人对同样的问题有不同的解决方法，但最好的创新制作是性价比最优的制作。学生往往欠缺这方面的思想，习惯性认为创新制作就是运用所学所知做出来即可。

三、机制设计理论

里奥尼德·赫维茨（Leonid Hurwicz，1917—2008），2007 年获诺贝尔经济学奖，被称为“机制设计理论之父”。他提出的机制设计理论主要解决两个问题：一是信息成本问题，即所设计的机制需要较少的关于消费者、生产者，以及其他经济活动参与者的信息和信息（运行）成本，任何一个经济机制的设计和执行都需要信息传递，而信息传递是需要花费成本的，因此，对于制度设计者来说，自然是信息空间的维数越小越好；二是激励兼容问题，即在所设计的机制下，使得各个参与者在追求个人利益的同时，能够达到设计者所设定的目标。这已经成为现代经济学中的一个核心的概念，许多现实和理论问题都可归结到这一点，比如委托 - 代理问题、契约理论、规章或法规制定、公共财政理论、最优税制设计、行政管理、政治社会制度设计等。其实，解决任何一个问题，一般都可以通过以下三种基本制度安排的某一种来实现：① 强制性的法制；② 诱导性的激励机制；③ 形成“无欲则刚”的社会规范和文化，即通常所说的“动之以情，晓之以理（法理）及诱之以利”。

四、QFD 理论

QFD 是英文 Quality Function Deployment 的缩写，其内涵是质量功能展开，起源于 20 世纪 70 年代初日本的三菱重工。QFD 是一种把顾客的需求转化为质量要求（特性），由此决定产品的设计质量，并系统地展开到装置、零部件及过程（工序）要素，从而确保顾客需求得以落实的多层次演绎方法。它通过研究顾客真正的需求，得到最适合的精良设计。在日本，QFD 首先成功地应用于船舶设计与制造，现在已扩展到汽车、家电、服装、集成电路、机械、医疗、教育等行业。QFD 方法的运用，为日本企业改善产品质量，以及提高产品的附加值起到了很大的作用，使日本的许多产品质量超过了欧美产品。QFD 理论明确指出，创新制作是来源于需求，并且满足需求的一个制作过程。所以，在教学中，首先要求学生抛开参考书，独立思考，从生活中发现点子，发现能够改善生活、带来便利的新产品，然后按照设计过程来进行设计、制作。

创新设计理论除上述外，还有通用设计理论、泛设计理论等，但以 TRIZ 理论最为著名。

第三节　TRIZ 理论简介

一、TRIZ 理论的内涵

TRIZ 对于初学者来说会很陌生，实际上它在 1946 年就已经诞生了。TRIZ 的内涵是什么？这里先从字面上作一解释。TRIZ 的含义最初来源于俄文 теории решения изобретательских задач，首字母的缩写为“Т Р И З”，按照“ISO/R9-1968E”的规定，把俄文转换成拉丁字母以后，就成为我们今天所看到的“TRIZ”。“TRIZ”译成中文即“发明问题解决理论”，译成英文为 Teoriya Resheniya Izobreatatelskikh Zadatch（or Theory of Inventive Problem Solving），缩写为“TRIZ”或“TIPS”，译成德文为 Theorie des erfinderischen Probleml。对于“TRIZ”，无论用何种文字表达，世界各国均已达成共识，即“TRIZ”就是“发明问题解决理论”。

“TRIZ”有两个基本的含义，表面上强调解决实际问题，特别是发明问题；本质上是由解决发明问题而最终实现（技术和管理）创新，因为解决问题就是要实现发明的实用化，这符合创新的基本内涵。

二、TRIZ 理论的起源

1991 年 12 月 25 日，苏联正式解体之前，TRIZ 理论一直是苏联的国家机密，在军事、工业、航空航天等领域均发挥了巨大作用，成为创新的“点金术”，让西方发达国家一直望尘莫及。TRIZ 理论是怎样诞生的呢？这要从 TRIZ 之父，苏联发明家根里奇·阿奇舒勒（G.S.Altshuller）说起。

根里奇·阿奇舒勒，1926 年 10 月 15 日出生于苏联的塔什罕干。阿奇舒勒在 14 岁时就获得了首个专利证书，专利作品是水下呼吸器。15 岁时，他制作了一条船，船上装有使用碳化物作燃料的喷气发动机。1946 年，阿奇舒勒开始了发明问题解决理论的研究工作。经过对成千上万件专利的研究分析，发现了发明背后存在的模式，并形成 TRIZ 理论的原始基础。为了验证这些理论，他相继发明了船上的火箭引擎、无法移动潜水艇的逃生方法等多项专利，其中，排雷装置获得苏联发明竞赛一等奖。他的多项发明被列为军事机密，他也因此被安排到海军专利局工作。

在海军专利局处理世界各国著名的发明专利过程中，阿奇舒勒总是考虑这样一个问题：当人们进行发明创造、解决技术难题时，是否有可遵循的科学方法和法则，从而能迅速地实现新的发明创造或解决技术难题呢？答案是肯定的。他发现任何领域的产品改进、技术革新和生物系统一样，都经历产生、生长、成熟、衰老、灭亡各个阶段，是有规律可循的。人们如果掌握了这些规律，就可以能动地进行产品设计，并能预测产品的未来趋势。

1956 年，阿奇舒勒在《心理学问题》杂志发表了《发明创造心理学》一文，一石激起千层浪，轰动了苏联的科技界，为发明创造开辟了新的天地。1961 年出版了第一本有关 TRIZ 理论的著作《怎样学会发明创造》。阿奇舒勒经过研究发现，由 39 个通用工程参数组成的近 1500 对技术矛盾和物理矛盾，可以通过运用发明原理而相对容易地解决。他说："你可以等待 100 年获得顿悟，也可以利用这些原理用 15 分钟解决问题"。在以后的时间里，阿奇舒勒将其毕生的精力致力于 TRIZ 理论的研究和完善，他于 1970 年创办了第一所进行 TRIZ 理论研究和推广的学校，后来培养了很多 TRIZ 应用方面的专家。

在阿奇舒勒的领导下，苏联的研究机构、大学、企业组成了 TRIZ 的研究团体，分析了世界近 250 万件高水平的发明专利，总结出各种技术发展进化遵循的规律模式，以及解决各种技术矛盾和物理矛盾的发明原理和法则，并综合多学科领域的原理和法则，建立起 TRIZ 理论体系。TRIZ 理论和方法加上计算机辅助创新（CAI），已经发展成为一套解决新产品开发实际问题的成熟理论和方法体系，如今已在全世界广泛应用。

三、TRIZ 理论的发展

自阿奇舒勒提出 TRIZ 理论以来，国外就一直比较注重 TRIZ 理论的研究、教育和实践工作。

苏联把注重国民创新能力的开发载入到苏联宪法中，并在大学中开设"科学研究原理""技术创造原理"等相关创新课程，以提高学生的创新思维能力。

从 20 世纪 60 年代末开始，苏联建立了各种形式的发明创造学校，成立了全国性和地方性的发明家组织，在这些组织和学校里，可以尝试解决发明课题的新技巧，并使它更加有效。其中，最著名的就是 1971 年在阿塞拜疆创办了世界上

第一所发明创造大学。事实上，苏联及东欧国家科学家大都运用 TRIZ 理论从事发明创造的工作，不仅在大学理工科开设 TRIZ 课程，甚至在中、小学阶段也采用 TRIZ 理论设计各科的教材、教法。

在创新实践方面，苏联大力推广 TRIZ 理论，从而使苏联在 20 世纪 70 年代中期专利申请量和批准量跃居世界第二，在冷战时期保持了与美国平衡的军事力量。

苏联解体后，TRIZ 理论传入其他国家，在美、欧、日、韩等世界各国得到了广泛的研究与应用。目前，TRIZ 已成为最有效的创新问题求解方法和计算机辅助创新技术的核心理论。在俄罗斯，TRIZ 理论已广泛应用于众多高科技工程（特别是军工）领域中；欧洲以瑞典皇家工科大学（KTH）为中心，集中十几家企业开始了实施利用 TRIZ 进行创造性设计的研究计划；日本从 1996 年开始不断有杂志介绍 TRIZ 理论和方法及应用实例；在以色列也成立了相应的研发机构；在美国也有诸多大学相继进行了 TRIZ 理论研究，有关 TRIZ 的研究咨询机构相继成立，TRIZ 理论在众多跨国公司迅速得以推广。如今 TRIZ 理论已在全世界广泛应用，创造出成千上万项发明成果。

目前 TRIZ 理论被认为是可以帮助人们挖掘和开发自己的创造潜能、最全面系统地论述发明创造和实现技术创新的新理论，被认为是“超级发明术”。一些创造学专家甚至认为：阿奇舒勒所创建的 TRIZ 理论，是发明了“发明与创新”的方法，是 20 世纪最伟大的发明。

四、TRIZ 理论的基本内容

TRIZ 理论体系庞大，而且还在不断发展完善中。从目前来看，TRIZ 的主要内容有两大部分：一是 TRIZ 的基本理论体系，二是 TRIZ 的解题工具体系。我们可以将其归纳为以下 6 个方面的内容。

1. 创新思维方法与问题分析方法

TRIZ 理论提供了如何系统地分析问题的科学方法，如多屏幕法等；而对于复杂问题的分析，则包含了科学的问题分析建模方法——物 - 场分析法，它可以帮助人们快速确认核心问题，发现根本矛盾所在。

2. 技术系统进化法则

在大量专利分析的基础上，TRIZ 理论总结提炼出技术系统八个基本进化法则。利用这些进化法则，可以分析确认当前产品的技术状态，并预测未来发展趋势，开发富有竞争力的新产品。

3. 技术矛盾解决原理

不同的发明创造往往遵循共同的规律。TRIZ 理论将这些共同的规律归纳成 40 个发明原理，针对具体的技术矛盾，可以利用这些发明原理，结合工程实际，寻求具体的解决方案。

4. 创新问题标准解法

针对具体问题的物 - 场模型的不同特征，分别对应标准的模型处理方法，包括模型的修整、转换、物质与场的添加等。

5. 发明问题解决算法 ARIZ

主要针对问题情境复杂、矛盾及其相关部件不明确的技术系统。它是一个对初始问题进行一系列变形及再定义等非计算性的逻辑过程，实现对问题的逐步深入分析、问题转化，直至问题的解决。

6. 基于物理、化学、几何学等工程学原理而构建的知识库

基于物理、化学、几何学等领域的数百万件发明专利的分析结果而构建的知识库，可以为技术创新提供丰富的方案来源。

五、TRIZ 理论的核心思想

阿奇舒勒研究发现，技术系统进化过程不是随机的，而是有客观规律可遵循的，这种规律在不同领域反复出现。基于这一观点，现代 TRIZ 理论的核心思想可归纳为以下 3 个要点。

① 无论是一个简单产品，还是复杂的技术系统，其核心技术的发展都是遵循着客观的规律发展演变的，即具有客观的进化规律和模式。

② 各种技术难题、冲突和矛盾的不断解决，是推动这种进化过程的动力。

③ 技术系统发展的理想状态，是用尽量少的资源实现尽量多的功能。

六、TRIZ 理论的解题模式和流程

所有实现某个功能的事物均可称为技术系统。当一个技术系统出现问题时，其表现形式多种多样，解决问题的手段也多种多样，关键是要区分技术系统的问题属性和产生问题的根源。根据问题所表现出来的参数属性、结构属性和资源属性，TRIZ 的问题模型共有 4 种形式：技术矛盾、物理矛盾、物 - 场模型、HOW TO 模型。与此相对应，TRIZ 的工具也有 4 种：矛盾矩阵、分离原理、标准解法系统和知识库与效应库，如表 1-1 所示。

表 1-1　技术系统的问题模型与解决问题模式

技术系统问题属性	问题根源	问题模型	解决问题工具	解决方案模型
参数属性	技术系统中两个参数之间存在着相互制约	技术矛盾	矛盾矩阵	发明原理
	一个参数无法满足系统内相互排斥的需求	物理矛盾	分离原理	发明原理
结构属性	实现技术系统功能的某机构要素出现问题	物 - 场模型	标准解系统	标准解
资源属性	寻找实现技术系统功能的方法与科学原理	HOW TO 模型	知识库与效应库	方法与效应

应用 TRIZ 理论解决发明问题的一般流程如图 1-1 所示。首先，要对一个实际问题进行仔细分析、定义和描述；然后，根据 TRIZ 理论提供的方法，将需要解决的实际问题归纳为一个类似的 TRIZ 标准问题模型；针对不同的标准问题模型，应用 TRIZ 理论总结、归纳出类似的标准解决方法，找到对应的 TRIZ 标准解决方案模型；最后将这些类似的解决方案模型，应用到具体的问题之中，演绎得到问题的最终解决方法。

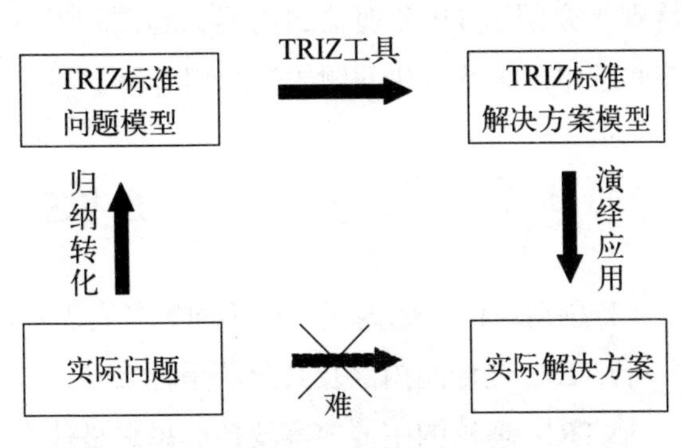

图 1-1　应用 TRIZ 理论解决发明问题的一般流程

七、TRIZ 理论的应用

发明创新是一种特殊的解决问题的活动，是解决问题的最高表现，主要分为5个层次：最小型（1级）发明（约32%）；小型（2级）发明（约45%）；中型（3级）发明（约18%）；大型（4级）发明（4%）；特大型（5级）发明（1%）。从这些数据不难看出，真正的发明只占5%，绝大多数发明属于前三个层次，而TRIZ 理论主要应用在前三个层次上。

TRIZ 理论是建立在普遍性原理之上的，不是针对某个特定的创新问题，而是要建立解决问题的模型，指明解决问题的方向，TRIZ 的原理和工具不局限于特定的应用领域。TRIZ 理论广泛应用于工程技术领域，目前已逐步向其他领域渗透和扩展。

创新理论和创新实践都证明，创新能力是人的一种潜能，是人人都具有的一种能力，而且这种能力可以经过一定的学习和训练得到激发和提升。创新是有规律可循的，人类在解决工程技术问题时所采用的方法都是有规律的，并且这些规律可以通过总结和学习加以掌握和应用。相对于传统的创新方法，比如试错法、头脑风暴法等，TRIZ 理论具有鲜明的特点和优势。实践证明，运用 TRIZ 理论，可大大加快人们创造发明的进程，帮助我们系统地分析问题情境，突破思维障碍，快速发现问题本质或者矛盾，确定问题探索方向。

【本章小结】

本章介绍了创造与创新的基本概念，介绍了目前几个著名的创新设计理论，特别是介绍了 TRIZ 理论的内涵、起源和发展，阐述了 TRIZ 理论的基本内容和核心思想，以及解决问题的模式和流程。

思考题

1. 创造与创新的内涵有何不同？各有怎样的特性与形式？

2.TRIZ 理论的内涵及其起源是什么？

3.TRIZ 理论的主要内容及核心思想是什么？

4. 举例说明 TRIZ 理论的解题流程。

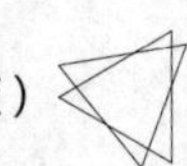

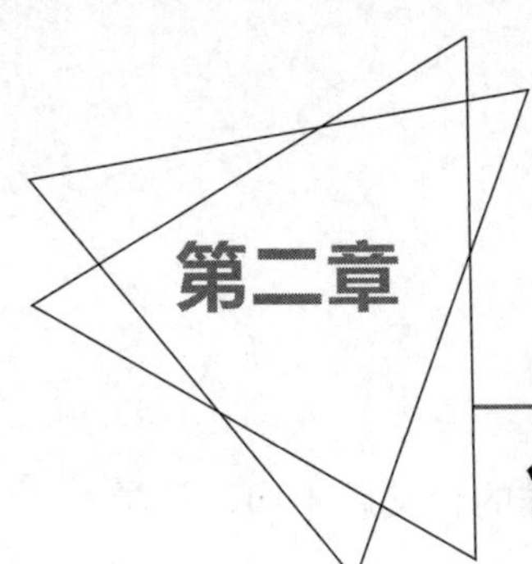

第二章 创新思维和创新技法

【学习目标】

能力目标：

能够运用头脑风暴法组织学习小组进行问题研讨；

能够采用形态分析法进行问题分析和方案确定。

知识目标：

了解思维的概念及其种类；

了解创新思维和突破思维定势的方法；

掌握头脑风暴法和形态分析法。

素质目标：

通过创新技法应用训练，提升学生组织能力、问题分析能力和创新思维能力。

【知识内容】

创新是在创新思维和创新技法的指导下完成发明创造的过程，因此，创新思维的训练和对创新技法的了解是我们学习的重点。本章主要介绍突破惯性思维的创新思维，以及一些常用的创新技法，比如：头脑风暴法、形态分析法、联想类比法、移植法、组合创新法等。

第一节　创新思维概述

一、思维的概念

思维是抽象范围的概念，在不同的学科内容下，思维的含义就不同，哲学、心理学和思维科学等不同学科对思维的定义也不尽相同。但综合起来，所谓的思维，是人脑对所接受和已存储的来自客观世界的信息进行有意识和无意识、直接或间接的加工，从而产生新信息的过程。

感觉和知觉具有直接性，感知的事物比较容易被人们所接受，但世界上的事物繁多、内部关系复杂，人们不可能一一去感知它们，这就需要思维的间接性和概括性。

思维的间接性是指凭借其他信息的触发，借助于已有的知识和信息，去认知那些没有直接感知过的或者根本不能感知的事物，以及预见和推知事物的发展过程。思维的概括性指的是它能够去除不同类型的具体差异，而抽取其共同的本质或特征加以反映。比如，在海底生活的鱼类，其共同的特征是用鳃呼吸，这是经过概括后得到的本质属性。

二、思维的分类

根据思维的凭借物和解决问题的方式，可把思维分为以下三类。

1. 直观动作思维

又称为实践思维，是凭借直接感知，以实际动作为支柱去解决问题的思维。从发展的角度看，3 岁以前的儿童，其思维属于这种形式。他们的思维活动往往是在实际操作中，借助触摸、摆弄物体而产生和进行的。例如，幼儿在学习简单计数和加减法时，常常借助于数手指，实际动作一旦停止，他们的思维便立即停下来。成人也有动作思维，如技术工人在动手拆卸和安装机器过程中，边操作边进行思维。不过成人的动作思维，是在经验的基础上，在第二信号系统的调节下实现的，这与尚未完全掌握语言的儿童的动作思维相比有着本质的区别。

2. 具体形象思维

是指运用头脑中的具体形象（表象）来解决问题的思维。这种思维往往是通

过对表象的联想来进行的，在幼儿期和小学低年级儿童身上表现得非常突出。如儿童计算 2+6=8，不是对抽象数字的分析综合，而是在头脑中用 2 个手指加 6 个手指，或 2 个苹果加 6 个苹果等实物表象相加而计算出来的。成人的思维虽然主要是抽象思维，但仍不能完全脱离形象思维，往往是凭借具体形象，并按照逻辑规律来进行。特别是在解决复杂问题时，鲜明生动的形象有助于思维的顺利进行。如艺术家、作家、导演、设计师等，均需要高水平的形象思维。

3. 抽象逻辑思维

是以语词为基础，利用概念、判断和推理的形式来进行的思维。抽象逻辑思维有时虽然也需要具体形象的参与，但它主要以概念作为思维的支柱，揭示的是事物的本质特征及其规律性联系。小学阶段的高年级学生，抽象思维得到了迅速发展，初中时期这种思维已开始占主导地位。初中各门学科中的公式、定理、法则的推导、证明与判断等，都离不开抽象逻辑思维。儿童思维的发展，一般都经历直观动作思维、具体形象思维和抽象逻辑思维三个阶段。成人在解决实际问题时，这三种思维往往是相互联系、相互补充的，共同参与思维活动。如进行科学实验时，既需要高度的科学概括，又需要展开丰富的联想和想象，同时还需要在动手操作中探索问题症结所在。

此外，从其他不同的角度还可以把思维分为各种不同的类型。如根据探索问题时答案方向的不同，可分为发散思维和收敛思维；根据解决问题时的创造性，可分为习惯性思维和创造性思维；根据解决问题时是否有明确的步骤和清晰的意识，可分为直觉思维和分析思维；根据解决问题时的指导思想，可分为经验思维和理论思维等。

三、创造性思维的形成与发展

创造性思维，是一种具有开创意义的思维活动，即开拓人类认识新领域和新物品的思维活动。创造性思维是以感知、记忆、思考、联想、理解等能力为基础，具备综合性、探索性和求新性特征的高级心理活动。一项创造性思维成果，往往要经过长期的探索、刻苦的钻研，甚至多次的挫折方能取得，创造性思维能力也要经过长期的知识积累、素质磨砺才能具备，至于创造性思维的过程，则离不开推理、想象、联想、直觉等思维活动。

创造性思维的形成大致可以分为以下三个阶段。

1. 准备阶段

准备阶段是创造性思维活动过程的第一个阶段。这个阶段是搜集信息、整理资料、做前期准备的阶段。由于对要解决的问题，存在许多未知数，所以要搜集前人的知识经验，来对问题形成新的认识，从而为创造活动的下一个阶段做准备。

2. 酝酿阶段

酝酿阶段主要对前一阶段所搜集的信息、资料进行消化和吸收，在此基础上，找出问题的关键点，以便考虑解决这个问题的各种策略。在这个过程中，有些问题由于一时难以找到有效的答案，通常会把它们暂时搁置，但是思维活动并没有因此而停止，这些问题会时刻萦绕在头脑中，甚至转化为一种潜意识。

3. 顿悟阶段

经过前两个阶段的准备和酝酿，思维已达到一个相当成熟的阶段，在解决问题的过程中，常常会进入一种豁然开朗的状态，这就是前面所讲的灵感。如：耐克公司的创始人比尔·鲍尔曼，一天正在吃妻子做的威化饼时被触动了，他想：如果把跑鞋制成威化饼的样式，会有怎样的效果呢？于是，他就拿着妻子做威化饼的特制铁锅到办公室研究起来，之后，制成了第一双鞋样。

为了实现创新，往往需要借助一些创新的技法，才能使我们找到创新的方向。

创新技法是指在收集大量成功的创造和创新的实例后，研究其获得成功的思路和过程，经过归纳、分析、总结，找出规律和方法以供人们学习、借鉴和仿效。简言之，创新技法就是创造学家根据创新思维的发展规律而总结出来的一些原理、技巧和方法。

第二节　突破思维定势的方法

心理定势指心理上的“定向趋势”，它是由一定的心理活动所形成的准备状

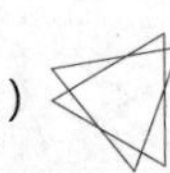

态，对以后的感知、记忆、思维、情感等心理活动和行为活动起正向的或反向的推动作用。

思维定势（Thinking Set），也称“惯性思维”，是由先前的活动而造成的一种对活动的特殊的心理准备状态，或活动的倾向性。在环境不变的条件下，思维定势使人能够应用已掌握的方法，迅速解决问题；而在情境发生变化时，它则会妨碍人采用新的方法。消极的思维定势是束缚创造性思维的枷锁。

一、思维定势的定义及其影响

所谓思维定势，就是按照积累的经验教训和已有的思维规律，在反复使用中所形成的比较稳定的、定型化了的思维路线、方式、程序、模式（在感性认识阶段也称为“刻板印象”）。

先前形成的知识、经验、习惯，都会使人们形成认知的固定倾向，从而影响后来的分析、判断，形成“思维定势”——思维总是摆脱不了已有的束缚，表现出消极的思维状态。

举个简单的例子，如果给你看两张照片：一张照片上的人英俊、文雅，另一张照片上的人丑陋、粗俗。然后对你说，这两个人中有一个是全国通缉的罪犯，要指出谁是罪犯，大概不会犹豫吧！

这就是人们在认识和感知事物的一种思维倾向，在认识和感知新事物的过程中，往往受到先前形成的固有倾向的影响。

思维最大的敌人是习惯性思维。世界观、生活环境和知识背景都会影响到人们对事对物的态度和思维方式，不过最重要的影响因素是过去的经验。生活中有很多经验，它们会时刻影响人们的思维，这种影响既有积极作用的方面，也有消极作用的方面。

思维定势对问题解决也有很大的积极作用。思维定势的作用是：根据面临的问题联想起已经解决的类似的问题，将新问题的特征与旧问题的特征进行比较，抓住新旧问题的共同特征，将已有的知识和经验与当前问题情境建立联系，利用处理过类似的旧问题的知识和经验处理新问题，或把新问题转化成一个已解决的熟悉的问题，从而为新问题的解决做好积极的心理准备。

同时，思维定势在问题解决的过程中也有消极的影响。它容易使我们养成一种呆板、机械、千篇一律的解题习惯。当新旧问题形似质异时，思维定势往往会使解题者步入误区。在问题分析中，受制于思维定势的影响，导致墨守成规，难以涌现出新的想法和新的创新方案。

二、思维定势的突破方法

在创新设计中想要得到新的突破和创新型方案，就要打破传统思维定势的约束，尝试从一个新的角度来解决问题。那么如何突破思维定势，更新思维模式呢？我们可以从以下几个方面培养创新思维的素质。

1. 突破书本定势

"知识就是力量"，但如果只限于从教科书的观点和立场出发去观察问题，不仅不能给人以力量，反而会抹杀我们的创新能力。所以，在学习知识的同时，应保持思想的灵活性，注重学习基本原理，而不是死记一些规则，这样知识才会有用。

2. 突破经验定势

怎样才能突破经验定势呢？要有"初生牛犊不怕虎"的精神。初生的牛犊之所以不怕虎，是因为不知老虎为何物，在它脑中没有"老虎会吃牛"的经验定势。因此见了老虎，敢于本能地用牛角去顶，而这时，带上"牛见了我会逃跑"思维定势的老虎，反倒不知所措，于是落荒而逃。

在科学史上有着重大突破的人，几乎都不是当时的名家，而是学问不多、经验不足的年轻人，因为他们的大脑拥有无限的想象力和创造力，有敢为人先的创新精神。如爱因斯坦 26 岁提出狭义相对论，贝尔 29 岁发明电话，西门子 19 岁发明电镀术。

3. 突破方向定势

萧伯纳（英国讽刺戏剧作家）很瘦，一次他参加一个宴会，一位"大腹便便"的资本家挖苦他："萧伯纳先生，一见到您，我就知道世界上正在闹饥荒！"萧伯纳不仅不生气，反而笑着说："哦，先生，我一见到你，就知道闹饥荒的原因了。"

"司马光砸缸"的故事也说明了同样的道理。常规的救人方法是从水缸上将人拉出，即让人离开水。而司马光急中生智，用石砸缸，使水流出缸中，即水离开人，这就是逆向思维。

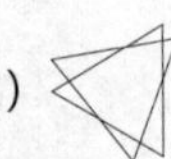

逆向思维就是将自然现象、物理变化、化学变化进行反向思考，如此往往能提出新的想法和新的方案。

第三节　头脑风暴法

头脑风暴法出自“头脑风暴”（Brain-storming）一词。所谓头脑风暴最早是精神病理学上的用语，是针对精神病患者的精神错乱状态而言的，如今转而为无限制的自由联想和讨论，其目的在于产生新观念或激发创新设想。

一、头脑风暴法简介

头脑风暴法是由美国创造学家 A・F・奥斯本于 1939 年首次提出、1953 年正式发表的一种激发性思维的方法。此法经各国创造学研究者的实践和发展，至今已经形成了一个发明技法群，如奥斯本智力激励法、默写式智力激励法、卡片式智力激励法等。

在群体决策中，由于群体成员心理相互作用的影响，容易屈从于权威或大多数人意见，形成所谓的“群体思维”。群体思维削弱了群体的批判精神和创造力，损害了决策的质量。为了保证群体决策的创造性，提高决策质量，管理上发展了一系列改善群体决策的方法，头脑风暴法是较为典型的一个。

头脑风暴法可分为直接头脑风暴法（通常简称为头脑风暴法）和质疑头脑风暴法（也称反头脑风暴法）。前者是在专家群体决策中尽可能激发创造性，产生尽可能多的设想的方法；后者则是对前者提出的设想、方案逐一质疑，分析其现实可行性的方法。

采用头脑风暴法组织群体决策时，要集中有关专家召开专题会议，主持者以明确的方式向所有参与者阐明问题，说明会议的规则，尽力创造融洽轻松的会议气氛。一般不发表意见，以免影响会议的自由气氛，由专家们“自由”提出尽可能多的方案。

二、头脑风暴的激发机理

头脑风暴何以能激发创新思维？根据 A・F・奥斯本本人及其他研究者的看法，

主要有以下几点。

① 联想反应。联想是产生新观念的基本过程。在集体讨论问题的过程中，每提出一个新的观念，都能引发他人的联想，相继产生一连串的新观念，产生连锁反应，形成新观念堆，为创造性地解决问题提供了更多的可能性。

② 热情感染。在不受任何限制的情况下，集体讨论问题能激发人的热情。人人自由发言、相互影响、相互感染，突破固有观念的束缚，最大限度地发挥创造性思维能力。

③ 竞争意识。在有竞争意识情况下，人人争先恐后，竞相发言，不断地开动思维机器，力求有独到见解，新奇观念。心理学的原理告诉我们，人类有争强好胜心理，在有竞争意识的情况下，人的心理活动效率可增加 50% 或更多。

④ 个人欲望。在集体讨论解决问题过程中，个人的欲望自由，不受任何干扰和控制，是非常重要的。头脑风暴法有一条原则：不得批评仓促的发言，甚至不许有任何怀疑的表情、动作、神色。这就能使每个人畅所欲言，提出大量的新设想。

三、头脑风暴法的要求

1. 组织形式

① 参加人数一般为 5～10 人（课堂教学也可以分组进行），最好由不同专业或不同岗位者组成。

② 会议时间控制在 1 小时左右。

③ 设主持人一名，主持人只主持会议，对设想不作评论；设记录员 1～2 人，要求将与会者每一设想不论好坏都认真完整地记录下来。

2. 会议类型

① 设想开发型：这是为获取大量的设想、为课题寻找多种解题思路而召开的会议，因此，要求参与者要善于想象，语言表达能力要强。

② 设想论证型：这是为将众多的设想归纳转换成实用型方案召开的会议，要求与会者善于归纳、善于分析判断。

3. 会前准备工作

① 会议要明确主题，会议主题提前通报给与会人员，让与会者有一定准备。

② 选好主持人，主持人要熟悉并掌握该技法的要点和操作要素，摸清主题现状和发展趋势。

③ 参与者要有一定的训练基础，懂得该会议提倡的原则和方法。

④ 会前可进行柔性训练，即对参会者进行打破常规思考，转变思维角度的训练活动，以减少思维惯性，从单调的紧张工作环境中解放出来，以饱满的创造热情投入激励设想活动。

4. 会议原则

为使与会者畅所欲言，互相启发和激励，达到较高效率，必须严格遵守下列原则。

① 禁止批评和评论，也不要自谦。对别人提出的任何想法都不能批判、不得阻拦。即使自己认为是幼稚的、错误的，甚至是荒诞离奇的设想，也不得予以驳斥。同时也不允许自我批判，在心理上调动每一个与会者的积极性，彻底防止出现一些“扼杀性语句”和“自我扼杀语句”，诸如“这根本行不通”“你这想法太陈旧了”“这是不可能的”“这不符合某某定律”，以及“我提一个不成熟的看法”“我有一个不一定行得通的想法”等语句，禁止在会议上出现。只有这样，与会者才可能在充分放松的心境下，在别人设想的激励下，集中全部精力开拓自己的思路。

② 目标集中，追求设想数量，越多越好。

③ 鼓励巧妙地利用和改善他人的设想。每个与会者都要从他人的设想中激励自己，从中得到启示，或补充他人的设想，或将他人的若干设想综合起来提出新的设想等。

④ 与会人员一律平等，将各种设想完整地记录下来。

⑤ 主张独立思考，不允许私下交谈，以免干扰别人思维。

⑥ 提倡自由发言，畅所欲言，主意越新、越怪越好。

⑦ 不强调个人的成绩，应以小组的整体利益为重。

5. 会议实施步骤

① 会前准备：参与人、主持人和课题任务三落实，必要时可进行柔性训练。

② 设想开发：由主持人公布会议主题，并介绍与主题相关的参考情况；突破思维惯性，大胆进行联想；主持人控制好时间，力争在有限的时间内获得尽可能多的创意性设想。

③ 设想的分类与整理：一般分为实用型和幻想型两类。前者是指目前技术工艺可以实现的设想，后者指目前的技术工艺还不能完成的设想。对实用型设想，再反复论证，进一步扩大设想的实现范围；对幻想型设想，通过进一步开发，就有可能将创意的萌芽转化为成熟的实用型设想。

第四节　形态分析法

形态分析法是根据形态学来分析事物的方法。其特点是把研究对象或问题，分为一些基本组成部分，然后对某一个基本组成部分单独进行处理，分别提供各种解决问题的办法或方案，最后形成解决整个问题的总方案。这时会有若干个总方案，因为是通过不同的组合关系而得到不同的总方案的，因此所有的总方案中的每一个是否可行，都必须采用形态学方法进行分析。

一、形态分析法的步骤

形态分析法的通常步骤如下。

① 明确用此技法所要解决的问题（发明、设计）。

② 将要解决的问题，按其功能分成基本组成部分，列出有关的独立因素。

③ 详细列出各独立因素所含的要素。

④ 将各要素排列组合成创造性设想。

二、形态分析法的应用

第二次世界大战期间，美国情报部门探听到德国正在研制一种新型巡航导弹，但费尽心机也难以获得有关技术情报。然而，火箭专家兹维基博士却在自己的研究室里，轻而易举地搜索出了德国正在研制并严加保密的乃是带脉冲发动机的巡航导弹。兹维基博士难道有特异功能？没有，他能够坐在研究室里获得技术间谍都难以弄到的技术情报，是因为运用了他称之为“形态分析”的思考方法。

形态分析法是一种以系统搜索观念为指导，在对问题进行系统分析和综合基础上，用网络方式集合各因素设想的方法。兹维基博士运用此法时，先将导弹分

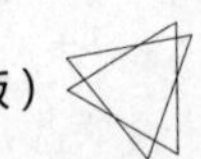

解为若干相互独立的基本因素，这些基本因素的共同作用便构成任何一种导弹的效能，然后针对每种基本因素找出实现其功能要求的所有可能的技术形态。在此基础上进行排列组合，结果共得到576种不同的导弹方案。经过一一筛选分析，在排除了已有的、不可行的和不可靠的导弹方案后，他认为只有几种新方案值得人们开发研究，在这少数的几种方案中，就包含有法西斯德国正在研制的方案。

用形态分析法进行新产品策划，具有系统求解的特点。只要能把现有科技成果提供的技术手段全部罗列，就可以把现存的可能方案“一网打尽”，这是形态分析方法的突出优点，但同时也为此法的应用带来了操作上的困难，突出的问题是如何在数目庞大的组合中筛选出可行的方案。

因此，在运用形态分析法过程中，要注意把好技术要素的分析和技术手段的确定这两道关。比如在对洗衣机的技术要素进行分析时，应着重从其应具备的基本功能入手，对次要的辅助功能暂可忽视。在寻找实现功能要求的技术手段时，要按照先进、可行的原则进行考虑，不必将那些根本不可能采用的技术手段填入形态分析表中，以避免组合表过于庞大。当然，一旦形态分析法能结合电子计算机的应用，从庞大的组合表中进行最佳方案的探索，也是办得到的。

三、形态分析法案例分析

形态分析法在拉链头装配方案设计中的应用。

1. 项目说明

拉链头自动装配机由理料、隔料、给料机构、装配机构、卸料机构和控制装置等组成，各组成部分的具体结构和配置取决于装配的方法，而装配方法又取决于各装配零件在装配过程中的形状与位置。由于拉链头各装配零件（图2-1）尺寸小，装配难度大，因此拉链头自动装配机设计成功与否的关键，在于选择好拉链头各零件在装配时的装配形态。形态分析法为如何确定零件的装配形态，提供了帮助。

2. 设计方法

（1）确定研究课题为拉链头自动装配方案

该装配方案中包含了将铜马、拉片和盖帽准

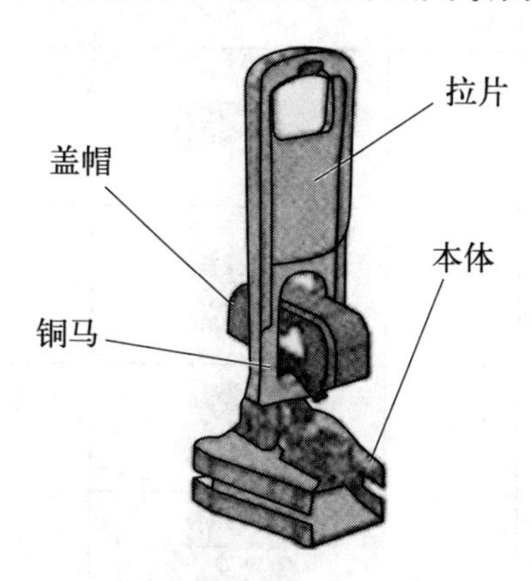

图2-1　拉链头的组成

确装入本体中，并完成盖帽的冲紧等工序。

（2）要素提取　确定的基本要素在功能上是相对独立的。本研究课题的基本要素有四个，如图 2-2 所示。

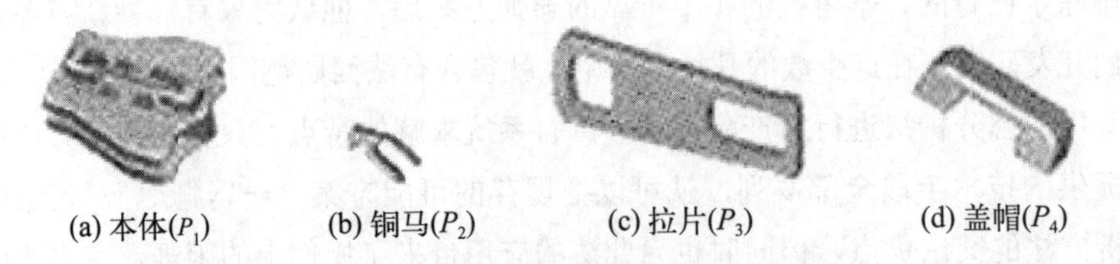

(a) 本体(P_1)　(b) 铜马(P_2)　(c) 拉片(P_3)　(d) 盖帽(P_4)

图 2-2　拉链头基本要素

（3）形态分析　列出各要素全部形态。经研究分析，本体有 7 种可能的形态，铜马有 7 种可能的形态，拉片有 6 种可能的形态，盖帽有 5 种可能的形态。

（4）编制形态分析表　要素以 i 表示，要素的形态以 j 表示，每个要素的具体形态用符号 P_j^i 表示。其形态分析见表 2-1。

表 2-1　拉链头装配形态分析

形态 j	要素 i			
	1	2	3	4
1				
2				
3				
4				
5				
6				
7				

（5）形态组合　按照对设计对象的总体功能的要求，分别将各要素的不同形态方式进行组合，以获得尽可能多的设计方案。本研究课题的形态可按 $P_1^1 P_2^1 P_3^1 P_4^1$、$P_1^2 P_2^1 P_3^1 P_4^1$、$P_1^3 P_2^1 P_3^1 P_4^1$、…、$P_1^6 P_2^7 P_3^6 P_4^5$ 进行组合，考虑装配可能性，最终组合出 7 种有装配可能性的方案，即 $P_1^1 P_2^1 P_3^1 P_4^1$、$P_1^1 P_2^3 P_3^3 P_4^1$、$P_1^3 P_2^3 P_3^1 P_4^2$、$P_1^4 P_2^4 P_3^1 P_4^3$、$P_1^5 P_2^6 P_3^4 P_4^4$、$P_1^7 P_2^7 P_3^6 P_4^5$、$P_1^5 P_2^6 P_3^1 P_4^4$，分别称为方案 1、方案 2 等。

（6）方案筛选　在实践中发现，形态组合仅从各零件的装配可能性出发，组合得到尽可能多的装配方案，但是，在实际设计中，光凭装配的可能性并不能说明是有实用价值的装配方案，因此还必须根据设计的要求，对上述 7 种装配方案进行进一步的筛选。

经分析，在拉链头的装配中，最关键的是如何将铜马和拉片准确地装入本体中。由于拉链头的尺寸很小，其装配应考虑使自动装配机的执行机构要有足够的装配精度和可靠性。

先从铜马的装配过程来筛选，上述几种方案中方案 1（即 $P_1^1 P_2^1 P_3^1 P_4^1$）经试验证明，如果拉片和铜马是自由落体掉入本体内的，即使这个下落距离非常小，也会因为碰撞造成弹出或倾斜等问题，所以，方案 1（$P_1^1 P_2^1 P_3^1 P_4^1$）不符合要求；方案 4（$P_1^4 P_2^4 P_3^1 P_4^3$）的本体倒放，给其他零件的定位和装配造成困难，也不符合设计要求。

再从拉片等的安装方面来考虑，经分析比较，逐步筛选出方案 3、方案 7 两种为有效的装配方案。

（7）初步设计　对经过筛选后得到的装配方案进行结构设计，例如上料滑道设计、隔料机构设计、驱动装置设计及检测控制方案的制订，以便进行更为具体的分析和比较。

（8）方案优化　根据装配机设计的原则，对初步设计后的装配方案进行进一步分析比较，并通过一定的实验，选出最佳方案。从保证质量、装配快捷、操作方便、结构简单等几方面考虑，对经初步设计后的两种装配方案进行进一步优选。综合考虑上述几个方面，方案 7：$P_1^5 P_2^6 P_3^1 P_4^4$（图 2-3）的各部分安装位置较适当，且装配可靠性高、结构简便紧凑，最后该方案被选为最终设计方案。

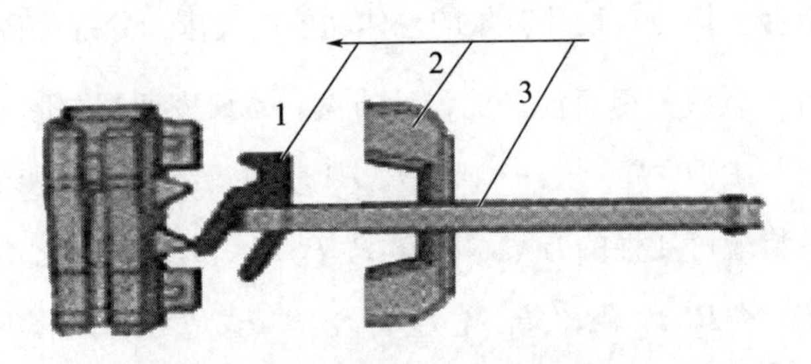

图 2-3　方案 $P_1^5\ P_2^6\ P_3^1\ P_4^4$ 的装配示意图

第五节　联想类比法与移植法

一、联想类比法

联想类比法是根据事物之间都具有接近、相似或相对的特点，进行由此及彼、由近及远、由表及里的一种思考问题的方法。它通过对两种以上事物之间存在的关联性与可比性，去扩展人脑中固有的思维，使其由旧见新，由已知推未知，从而获得更多的设想、预见和推测。

应用联想类比法的基础是联想思维，通常可以把联想思维分为因果联想、相似联想、推理联想和对比联想四种类型。

（1）因果联想　是从已掌握的知识信息与思维对象间的因果关系中获得启迪的思维形式。

（2）相似联想　是将观察到的事物与思维对象之间作比较，根据两个或两个以上的研究对象与设想之间的相似性，创造新事物的思维方式。世界上纷繁复杂的事物之间是存在联系的，这些联系不仅仅是与时间和空间有关的联系，还有很大一部分是属性的联系。利用相似联想，首先要在头脑中储存大量事物的“相似块”，然后在相似事物之间进行启发、模仿和借鉴。由于相似关系可以把两个表面上看相差很远的事物联系在一起，普通人一般不容易想到，所以相似联想易于导致创新性较高的设想。

（3）推理联想　是指由某一概念而引发其他相关概念，根据两者之间的逻辑关系，推导出新的创造构想的思维方式。

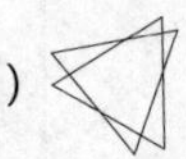

（4）对比联想　是将已掌握的知识与思维联系起来，从两者的相关性中加以对比后，获得新知识的思维方式。

二、移植法

所谓移植法是将某个领域的原理、技术、方法，引用或渗透到其他领域，用以改造和创造新的事物。

1. 基本原理

从思维角度看，移植法可以说是一种侧向思维方法。它通过相似联想、相似类比，力求从表面上看来仿佛毫不相关的两个事物或现象之间发现联系。

英国剑桥大学教授贝弗里奇说："移植是科学发展的一种主要方法。大多数的发明都可应用于所在领域以外的领域，而应用于新领域时，往往有助于促成进一步的发现。重大的科学成果有时来自移植。"

2. 主要途径

（1）原理移植　无论是理论还是技术，尽管领域不同，但常常可发现一些共同的基本原理。因此，可根据不同的要求和目的进行移植创新。如红外辐射是一种很普通的物理过程，将这一原理移植到其他领域，可产生新奇的成果：红外线探测、遥感、诊断、治疗、夜视、测距等。在军事领域则有红外线自动导引的"响尾蛇"导弹，装有红外瞄准具的枪械、火炮和坦克，红外扫描及红外伪装等。

（2）方法移植　17 世纪的笛卡尔是科学方法移植的先驱。他以高度的想象力，借助曲线上"点的运动"的想象，把代数方法移植于几何领域，使代数、几何融为一体而创立解析几何；美国阿波罗 11 号所使用的"月球轨道指令舱"与"登月舱"分离方法，就是参考了巨轮不能泊岸时用驳船靠岸的办法。

（3）回采移植　历史表明，许多被弃置不用的"陈旧"技术，只要赋予现代技术加以改造，往往会导致新的创造。如帆船是古代船舶的标志，但又出现在当代。至今，全世界竟有 20 多个海洋国家成立了"风帆研究所"。现代风帆通过计算机辅助设计，具有最佳采风性能和推进性能。其制作材料已从尼龙发展到铝合金，帆的操作控制也是自动化的，所以现代帆船并非"扁舟孤帆"，而是万吨巨轮。有些帆船速度可与快艇媲美，具有节能、安全、无噪声、无污染等独特优点。

（4）功能移植　功能移植是指把诸如激光技术、超声波技术、超导技术、光纤技术、生物工程技术，以及其他信息、控制、材料、动力等一系列通用技术所具有的技术功能，以某种形式应用于其他领域。如采用液压技术便可较好地解决远距离传动的问题，且简化机构并操作方便；电子计算机的应用则使机械加工程序化、自动化；在自然界，河川中夹杂有机物质的净化细菌，有机物经它消化后变成水和一氧化碳，环保专家将此功能移植于废水处理——引进净化细菌让它大量繁殖，以达到去污变清的目的，这就是目前污水处理的活性污泥处理法。

第六节　组合创新法

创新的形式可以分为两种：一种是采用全新的技术原理设计一种新型的产品；另一种是采用已有的一些技术手段，进行重新组合而产生一种新的产品。第二种方法就是我们在产品创新设计中经常使用的组合创新方法。

一、概述

组合创新方法是按一定的技术原理，通过两个和多个功能元素合并，从而形成一种新产品、新工艺、新材料的创新方法。

组合创新是一种极为常见的创新方法，目前，大多数创新的成果都是通过采用这种方法取得的。

人类的许多创造成果来源于组合。正如学者布莱基所说："组织得好的石头能成为建筑，组织得好的词汇能成为漂亮文章，组织得好的想象和激情能成为优美的诗篇。"同样，发明创造也离不开现有技术、材料的组合。

组合原理在运用中并不是简单的叠加，应满足以下两个条件：

① 不同技术因素构成具有统一结构与功能的整体；

② 组合物应该具有新颖性、独特性和使用价值。

二、分类

组合的类型是多种多样的。分类的依据不同，分类的结果也各不一样。从组合机制的角度，可分为相加组合、杂交组合、替换组合、分割组合、系统组合。

（1）相加组合　是指把以前独立的事物组合起来，组合方式为物与物相加或

功能相加。如电子表和圆珠笔组合为带电子表的圆珠笔，电话与电视机组合为可视电话。

（2）杂交组合　是指将相关的不同事物，按照总体功能要求，组合成一种新型结构，从而产生具有新功能的事物。例如，环境化学、地球物理化学、计量经济学等，都是不同学科杂交组合产生的。“杂交”是生物学中的一个重要概念，但“杂交”并不是生物学所独有的，在创新活动中，“杂交”已成为人们创造发明的一种行之有效的方法。

（3）替换组合　是指通过替换原来系统中某些因素，从而更新为一种新事物。例如，电视机由黑白变为彩色，卧式变为直立式，遥控，直角平面，继而又向高清晰度、多画面、超薄式等新一代彩电发展。电视机不断与新技术组合，从而使电视机不断地推出新的产品。

（4）分割组合　是指依据不同的环境和使用目的，将多种功能集于一体，以求一个物品有多用之便。例如，集遮阳、通风、防雨、保温等多功能于一体的新型帽子，设计思想新颖独特，克服了帽子功能单一的缺点，做到了不需要任何额外动力，实现热时自然通风凉爽，冷时隔热保温的功能。

（5）系统组合　是指根据事物之间的联系，将它们有机地结合成为一体，具有集零为整的功能。例如，集成电路是以半导体晶体为基片，以专门的工艺技术将组成电路的电子管、电阻、电容等电子元件集成在芯片上形成微型电路的集合体。根据参与组合的组合因子的性质和主次以及组合的方式，组合的类型大体上分为同类组合、异类组合、主体附加、重组组合四类。

本章介绍了一些人们经常使用的传统创新方法。这些传统的创新方法基本上都是以心理机制为基础的，它们的程序、步骤、措施大都是为人们克服发明创新的心理障碍而设计的。传统的创新方法撇开了各领域的基本知识，方法上高度概括与抽象，因此具有形式化的倾向。这些偏向于形式化的传统创新方法，在运用中受到使用者经验、技巧和知识积累水平的制约，因此，有人认为对传统的创新方法的运用是一种艺术，而不是一种技术。传统的创新方法过于依赖非逻辑思维，其应用的效果波动很大，培训起来难度也比较大，因此很难大范围推广。这些传统方法解决发明问题的效率较低，一些较难的问题，特别是那些发明级别较高的问题，通常无法用传统创新方法来解决。相比之下，TRIZ 理论是基于辩证唯物主义和系统论思想，而提出的关于解决发明问题的理论体系。TRIZ 的原理、法则、程序、步骤、措施等，均以科学和技术的方法为基础，因此自成系统，具有严密的逻辑，便于学习、培训和应用。在很多场合，常常需要将TRIZ理论与传统创新方法结合使用，这样可以取长补短取得更好的效果。

【本章小结】

本章介绍的创新思维和创新技法是总结前人经验和智慧的结晶。创新思维需要打破思维定势、解放思想、与时俱进。创新技法更需要不断去尝试、不断去应用，在应用中总结和提高。创新思维和创新技法告诉了我们一种思考问题、发现问题、解决问题的方法。只有当你了解了创新思维的过程，并自觉应用创新技法，你才有可能真正领悟到创新思维的神奇，真正获取灵感。21世纪拥有知识和信息的人越来越多，这就意味着知识和信息量的价值正在呈下降趋势，而相反，拥有创造力和想象力的人，价值正在上升，正如爱因斯坦所说：“想象力比知识更重要。”

思考题

1. 想一想你的身边有哪些应用创新思维的例子。

2. 苹果手机让世界认识了乔布斯，你知道苹果公司的创意是如何产生的吗？头脑风暴是如何在苹果公司创意中应用的？试以一个创意开展一次头脑风暴。

3. 试用形态分析法来对摇头风扇进行创意设计，选出性价比高的方案。

4. 试用组合创新法对某个生活用品进行创新设计。

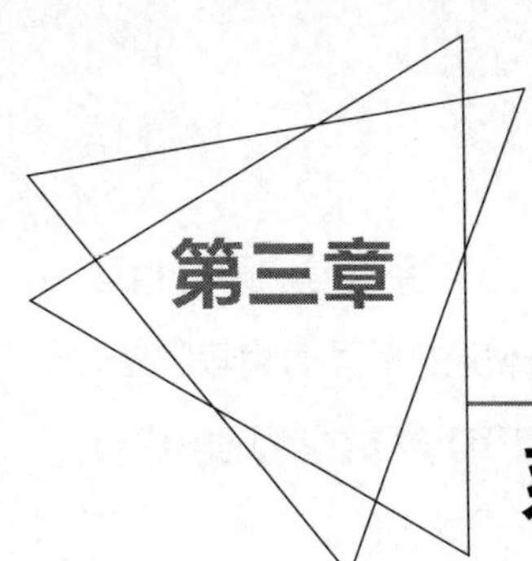

第三章 系统的资源分析和功能分析

【学习目标】

能力目标：

能够采用组件分析、相互作用分析和功能分析等三个步骤进行功能分析，能够进行资源分析。

知识目标：

理解系统、资源和功能的概念；

掌握技术系统和超系统的分类；

掌握功能分析的基本步骤和方法。

素质目标：

通过资源分析和功能分析训练，提高学生资源分析和功能分析能力，锤炼学生严谨求实的逻辑思维。

【案例引入】

自行车主要由前轮、后轮、车架、车把、鞍座、小链轮、大链轮、链条、踏板等构成，如图 3–1 所示。人骑上自行车后，以脚踩踏板为动力，通过链传动系统（大链轮、小链轮、链条、踏板）把动力和运动传递给后轮，驱动自行车行驶。自行车使用久后，会出现掉链现象，影响自行车的正常使用，请用 TRIZ 理论对自行车技术系统进行功能分析。

图 3–1　自行车系统

【知识内容】

TRIZ 理论解决技术问题时，往往先从技术系统分析入手，了解系统是由哪些相互联系、相互作用的组件构成的；系统的环境是什么，系统与环境的相互影响有哪些，然后分析系统资源和系统所处环境的资源，力求对资源合理应用。通常理想的解决方案可通过环境或系统本身的资源获得。同时，系统的功能分析是必要的。功能是指产品技术系统的用途。顾客买的不是产品本身，而是产品的功能，产品的具体内容只是功能的实现形式。只有通过功能分析，才能找出工程问题的本质，进而为 TRIZ 丰富的问题解决工具提供有利的切入点。本章介绍系统资源的构成以及系统功能的分析方法。

第一节　系统概述

一、系统的定义

什么是系统？系统是指由若干相互联系、相互作用的部分组成的，在一定环境中具有特定功能的有机整体。组成系统的各个部分，被称为元素、单元或子系统。因此，系统具有如下特点。

① 一切系统均由多个元素（至少是两个元素）组成，具有多元性的特点。

② 同一个系统的不同元素之间相互关联，相互作用，而且联系具有某种确定性，形成一定的结构，人们能够据此辨认该系统，并与其他系统相区别，即系统具有相关性的特点。

③ 系统的多元性和相关性，构成了系统的整体性，即系统具有整体的结构、整体的形态和整体的边界，并以整体的方式与环境相互作用，表现出整体的特性和功能。

二、系统的五个基本要素

一个完整的系统，必须包括如下五个基本要素：系统的组成、系统的结构、系统的环境、系统的功能、系统的边界。

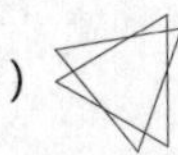

1. 系统的组成

任一系统都是由若干元素组成的，单一元素构不成系统，必须由两个或两个以上元素才能组成系统。元素是构成系统的最小部分或基本单元，是不可再划分的单元（基元）。

元素的不可分性，是相对于它所属的系统而言的，离开这种系统，元素本身又可成为由更小组成元素构成的系统。例如，一个分子的组成是它所包含的诸原子的集合，原子是化学变化中的最小粒子，也就是说，研究分子这一系统时，不需要把组成原子的质子、中子和电子当做组成元素。又如，社会系统是以社会的人为元素，人作为生物学系统是以细胞为元素，而细胞不能作为社会系统的元素，所以研究社会，不需要以细胞作为组成元素来讨论。再如，机器作为系统，其组成元素是不能再用机械的方法分解的零件，机械零件由分子组成，但设计和使用机器时只需考虑组成的零件及零件之间的相互作用，而不必把机器看做以分子为元素的系统来研究。

在研究自然界任一物质系统时，首先要分析它是由哪些基本元素组成的。因为物质系统之所以不同，首先区别于它们的基本组成。

2. 系统的结构

系统不是其组成元素的毫无联系、偶然的堆积物。系统中各组成元素必须相互联系、相互作用而形成相对稳定的、特定的组织形式（或结合方式），才能构成系统。因此，系统的结构就是指系统的各组成元素之间相互结合的方式。研究一个系统，不仅要考虑该系统是由哪些基本元素组成的，而且还要考虑系统的结构。

物质系统的结构是千差万别的，其大致可以划分为如下几种。

（1）空间结构和时间结构　元素在空间中的排列分布方式称为空间结构，如晶体的点阵结构；系统运行过程中呈现出来的内在时间节律，如地月系统的周期运动、生物钟等，称为时间结构；此外，还有一些系统呈现出“时 - 空”混合结构，如树的年轮。

（2）数量关系结构　物质系统诸元素之间存在着一定的数量关系，如排列组合、数量比例关系，称为数量关系结构，如化学结构包含某几种元素的比例关系。

（3）相互作用结构　元素之间相互作用的方式，称为相互作用结构，如分子中的原子之间的不同键合方式、核酸中的碱基配对结构。在自然物质系统的结构中，最基本的是相互作用结构。一般来说，相互作用结构决定空间、时间结构，空间、时间结构则是相互作用结构的表现。

系统的元素和系统的结构是构成系统的两个缺一不可的方面。自然物质的组成元素是系统结构赖以形成的基础和物质承担者，组成元素的性质、种类和数量基本规定了它们之间相互作用的性质，进而决定着系统的结构。结构不能离开元素单独存在，结构只有通过元素间相互作用才能体现出其客观存在性。但是，结构对元素又具有相对的独立性，某一结构若其局部的某一元素缺失或其局部的某一组成元素的变化，并不会影响整个系统结构的稳定性。另外，自然界中有许多系统，其组成元素相同，但却有不同结构（即同素异构），这也说明结构对于元素有相对独立性。而结构一经形成还会反过来约束、控制、支配其组成元素。总之，系统是元素和结构的统一，元素和结构是既互相独立，又互相依存的关系，构成系统的内在本质。

3. 系统的环境

系统的环境是指与系统发生相互作用而又不属于这个系统的所有事物的总和。系统的环境也是考察系统的一个基本参数，这是因为系统对于环境固然有相对独立性，但是环境对系统的存在和发展有极大影响和作用：环境为系统提供生存条件，环境对系统进行选择，控制着系统的发展，加速或延缓系统的发展进程。

系统的环境分析就是：考察一个系统时，必须了解它处于什么环境，环境对它有何影响，它如何回应这种影响。具体方法就是运用相对孤立的原则，明确划定系统的边界，将系统与环境区分开来；同时，要注意考察环境与系统之间主要的相互作用，将环境对系统的主要作用抽象为系统的输入，将系统对环境的重要作用抽象为系统的输出，进而考察系统的输入与输出之间的关系。

4. 系统的功能

系统的功能是指系统在与环境的相互联系中，所表现出来的系统对环境产生某种作用，或者系统对环境变化作出的响应或反应，即系统的功能体现为系统的行为。例如，动物消化系统的功能是摄取食物，消化、吸收养分，排出废物；呼吸系统的功能是进行气体交换，吸入新鲜空气，呼出二氧化碳，实现吐故纳新；电子计算机系统功能是对输入信息、数据进行存储，处理运算，逻辑判断，输出

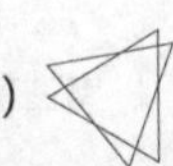

有用的信息。由此可以看出，系统的功能是在系统与环境的相互联系、相互作用过程中，系统表现出来的一系列行为。

一个系统的行为，可以区分为三种情况：一是对环境的某一刺激（输入）产生的反作用，即对一定输入作出一定的输出响应；二是对环境的某一刺激（变化）自身产生的响应，这一响应并不反作用于环境，即在一定输入下系统本身状态发生的变化；三是不因环境引起的自发活动，包括系统本身状态的变化或系统主动对环境的输出。

因此，只有从系统与环境的相互联系过程中，通过对系统行为的考察，才能把握系统具有的功能。

5. 系统的边界

把系统与环境分开来的东西，称为系统的边界。从空间看，边界是把系统与环境分开来的所有点的集合（曲线、曲面）。边界的存在是客观的，系统都有边界。系统与环境之间存在着边界，子系统与整体系统之间存在着边界，一个子系统与其他子系统之间也存在着边界。边界的重要性一点也不亚于系统本身。

系统边界在系统与环境之间扮演着一个双重角色：一方面边界将系统的质与环境的质区分开；另一方面它又将系统和环境通过系统的输入输出方式联系起来，形成了系统与环境之间各种各样的相互关系。系统与环境之间的相互影响、相互作用的性质与程度是由边界的性质决定的，即边界的性质决定了系统的结构、功能和行为的变化和发展。

总之，系统的组成、系统的结构、系统的环境、系统的功能和系统的边界是完整描述系统的基本要素。系统的思维要求我们在考察系统时，不仅要分析系统的组成，而且要分析系统的结构、系统的边界和系统所处的环境，并且从系统内部诸要素的相互关联中，从系统与外部环境的相互关联中把握系统的功能和行为规律。

三、技术系统

1. 技术系统定义及特征

技术系统是一类特殊的系统，与自然系统（如自然生态系统、天体系统……）相比，技术系统具有如下两个鲜明的特征。

① 技术系统是一种“人造”系统，它是人类为了实现某种目的而创造出

来的。

② 技术系统能够为人类提供某种功能。人类之所以创造某种技术系统，就是为了实现某种功能。在对技术系统进行设计、分析的时候，应该牢牢地把握住“功能”这个概念。

因此，技术系统是指人类为了实现某种功能而设计、制造出来的一种人造系统。

2. 子系统和超系统

一个技术系统，往往是由多个零部件按照一定的关系组合在一起的，系统中独立的零件通常被称为系统的元素。由这些元素组成的，相互作用能实现一定的功能的集合体被称为子系统。一个能够完成一定功能的技术系统往往是由多个子系统构成的，子系统本身也是系统，技术系统之外但与该系统有相互作用的更大的系统称为超系统，超系统不仅包括了技术系统本身，还涵盖了与该系统有相互作用和影响的所有外部元素、组件、系统，如图 3-2 所示。

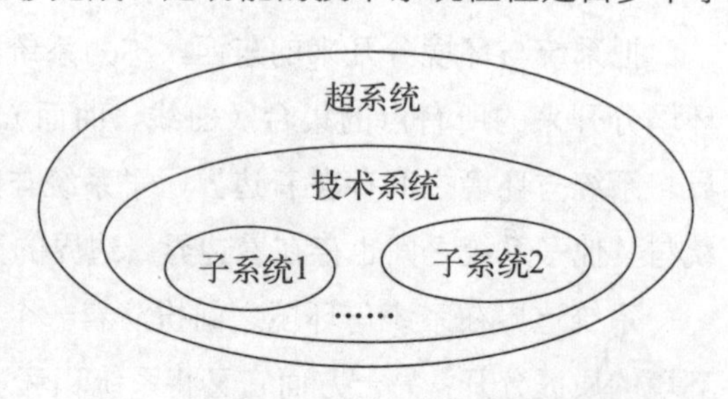

图 3-2　技术系统、子系统和超系统关系图

如图 3-3 所示，汽车作为一个技术系统，轮胎、发动机、方向盘等是汽车的子系统。每辆汽车都是整个交通系统的组成部分，因此对于汽车而言，交通系统就是汽车的超系统。

图 3-3　汽车系统的子系统、超系统

如图 3-4 所示，电冰箱作为一个技术系统，压缩机、散热管、拉门等是电冰箱的子系统。电冰箱所处的环境，如房间，就是电冰箱这一技术系统的超系统。

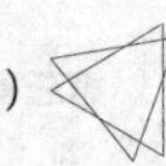

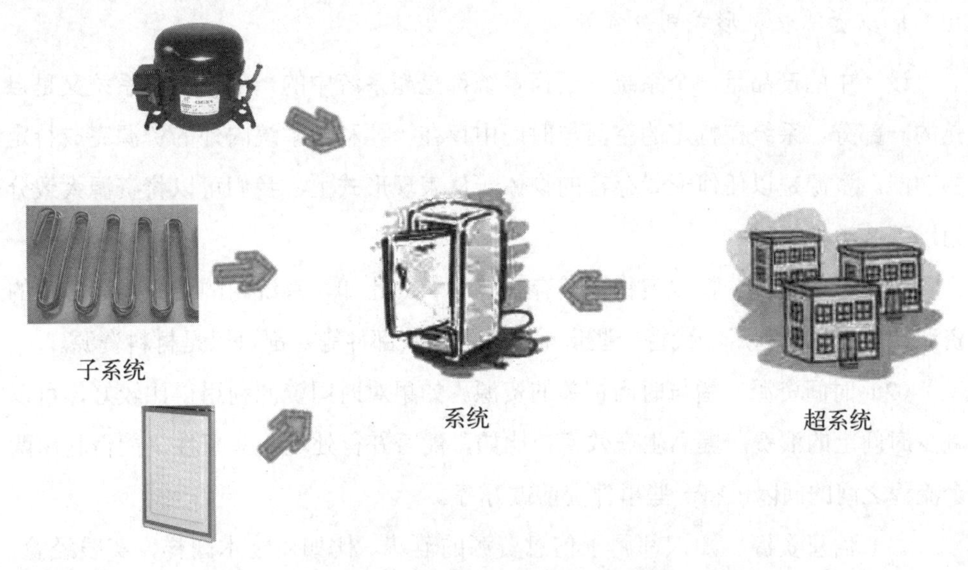

图 3-4　冰箱系统的子系统、超系统

第二节　资源分析

一、资源的定义

什么是资源呢？资源是指系统或者它所处环境中的任何物质、场或者它们的参数，它既包括可见的资源，也包括不可见的资源，如空气、电磁场等。比如，如果我们要制造汽车，所用到的资源就有发动机、外壳、轮子等；如果建楼房，所需要的资源就有钢筋、混凝土、木材等；如果我们要制氮气，所用到的资源就有空压机、电、空气等。这些所用到的材料就是资源。所以，我们这里指的是广义的资源，即是以任何形式存在的物质。

二、资源分析

应用 TRIZ 理论解决问题时，要详细、全面地考察并列出系统所涉及的资源。这一点是非常重要的，可以这样认为，解决问题的实质就是对资源的合理应用。对资源进行分类、详细分析、深刻理解，对设计人员来说是十分必要的。

1. 以资源表现形式划分资源

设计中的产品是一个系统，任何系统都是超系统中的一部分，超系统又是自然的一部分。系统在特定的空间与时间中存在，要利用系统内外的资源完成特定的功能。资源是以任何形式存在的物体，从表现形式上，我们可以将资源大致分为以下 8 类。

（1）材料资源　指以实物形式存在的材料。比如，系统内的资源、环境中的资源、废物再次利用、代替一些贵重部件的便宜部件等，都可以是材料资源。

（2）时间资源　指与时间相关的资源。如果对时间资源利用得比较好，可以减少时间上的浪费，提高生产效率。比如，能否并行处理一些事件，能否利用两个流程之间的间隔，将一些事件提前做好等。

（3）信息资源　知识都属于信息资源的范畴。比如，技术图样、实践经验、数据库、光盘所承载的信息等。

（4）人力资源。指项目执行过程中所涉及的人。建立良好的人际关系，是保证项目顺利执行的前提条件。实际工作中涉及的人力资源有很多，比如，项目成员内部人与人之间的关系、供应商、客户、利益相关者等。

（5）场资源　这里指的场是一种广义的场，所有能对物体产生作用的都是场。我们可以用一个简写的单词 MAThChEM 来表示 TRIZ 中可能用到的场。其中：

M 指的是 Mechanical，机械场。比如摩擦、切割、抛光、搬运、滚动等都属于这个范畴。我们将重力场也划到这一类中。

A 指的是 Acoustic，声场。根据频率的不同，可以将声音分为可听声波、超声波和次声波等。可听声音可以传递信息；超声波可以加工物体，可以进行探伤，还可以探测人体内部的信息（如 B 超、彩超等）；次声波的绕射能力很强，适于长距离传输信息。举个例子：一个木材加工厂要进行圆木切割，这个过程中会产生噪声，工厂周围的居民不堪其扰，员工的听力也存在受损的危险。如何解决这个问题呢？他们想了很多种方法，比如降低电锯的功率、购买质量更高的锯片、加装消音器等，但都没有能够解决这个问题。一系列的失败后，他们最终想到了一个非常简单的解决方案：通过改变电锯的旋转速度，提高电锯产生声音的频率，使人耳可以听到的声波变成听不到的超声波。

Th 指的是 Thermal，热场。与温度、热量相关的都属于这个范畴。

Ch 指的是 Chemical，化学场。例如，化学合成、腐蚀等。

EM 指三种场，电场（Electrical）、磁场（Magnetic）以及电磁场（Electromagnetic）。电场，例如静电感应、静电复印等。磁场，利用磁铁能吸顺磁材料，以及磁铁的 N-S 极相互吸引的特点。电磁场，如手机、电视、无线网卡等就是利用电磁场工作的。

（6）空间资源　指与空间相关的资源。比如，是否可以利用空闲的空间，是否可以向二维、三维方向发展，是否可以利用物体的另一面等。2010 年曾经有人提出了一种快巴，就是利用道路上层的空间开设巴士公交，如果这种快巴真的能够实现，有可能使拥挤的城市交通状况得到一些缓解。

（7）功能资源　指利用系统中所产生功能的二级效应。比如，汽车的发动机旋转为汽车提供动力，如果在其上装一个风扇，则可以冷却发动机。汽车发动机工作的时候发热，冬天可以利用这些热量来为车内取暖。在本例中，发动机的一级效应是为汽车提供动力，二级效应是发热，功能资源就是设法利用二级效应。

（8）参数资源　参数也可作为一种资源。比如，物体的长度、体积、形状、角度等。又比如，戴眼镜的人可能有个比较烦恼的事情，就是在洗脸的时候，需要将眼镜摘下来放在水槽边上，但洗脸水会飞溅在眼镜上而把眼镜弄脏。解决这个问题也不难，只要我们将摘下的眼镜调一个角度，就可以使脏水飞溅在眼镜上的概率大大降低。

2. 以资源产生方式划分资源

从资源的产生方式上划分，资源又可分为现成资源、派生资源及差动资源三类。

（1）现成资源　现成资源是指系统在当前状态下可被直接应用的资源，如物质、场（能量）、空间和时间资源，都是多数系统可以直接应用的现成资源。物质资源，如煤可用作燃料；能量资源，如汽车发动机既驱动后轮或前轮，又驱动液压泵，使液压系统工作；场资源，如地球上的重力场及电磁场；信息资源，如汽车运行时所排废气中的油或其他微粒传递出发动机的性能信息；空间资源，如仓库中多层货架中的高层货架；时间资源，如双面打印机，节省时间；功能资源，如人站在椅子上更换屋顶的灯泡时，椅子是一种辅助功能的利用。

（2）派生资源　通过某种变换，使不能利用的资源变为可利用的资源，这种可利用的资源称为派生资源。废弃物、空气、水等经过处理或变换后都可在设计的产品中采用，而成为有用资源。在变成有用资源的过程中，要经过必要的物理状态变化或化学反应。派生资源有以下多种形式。

① 派生物质资源。例如，毛坯是通过铸造得到的材料，相对于铸造的原材料，它是派生的物质资源。

② 派生能量资源。通过对直接应用能量资源进行变换或改变其作用的强度、方向，以及其他特性所得到的能量资源。例如，变压器将高压变为低压，这种低电压的电能称为派生资源。

③ 派生场资源。通过对直接应用场资源的变换或改变其作用的强度、方向，以及其他特性所得到的场资源。如无影灯，单一的光源会产生清晰的影子，可以在单一光源周围加上镜子来消除影子。

④ 派生信息资源。利用各种物理及化学效应，将难以接受或处理的信息改造为有用的信息。例如，地球表面电磁场的微小变化可用于发现矿藏。

⑤ 派生空间资源。由于几何形状或效应的变化所得到的额外空间。例如，双面磁盘比单面磁盘存储信息的容量更大。

⑥ 派生时间资源。由于加速、减速或中断所获得的时间间隔。例如，被压缩的数据在较短的时间内可传递完毕，节省出时间资源。

⑦ 派生功能资源。经过合理变化后，系统能够完成辅助的功能。例如，锻模经适当修改后，锻件本身可以带有企业商标。

（3）差动资源　通常，物质与场的不同特性是形成某种技术的资源，这种资源称为差动资源。差动资源分为差动物质资源及差动场资源两类。

① 差动物质资源。

a. 结构的各向异性。各向异性是指物质在不同的方向上物理性能不同，这种不同的特性有时是实现某种产品功能所需要的资源。例如，光学特性，金刚石只有沿对称面做出的小平面才能显示出其亮度；电特性，石英板只有当其晶体沿某一方向被切断时，才具有电致伸缩的性能；声学特性，一个零件内部由于其结构有所不同，表现出不同的声学性能，使超声探伤成为可能；机械特性，劈木柴时一般是沿最省力的方向劈；化学性能，晶体的腐蚀往往在有缺陷的地方首先发生；几何性能，只有球形表面符合要求的药丸才能通过药机的分拣装置。

b. 不同的材料特性。不同的材料特性可在设计中用于实现某种功能。例如，合金碎片的混合物可通过逐步加热到不同合金的居里点，之后用磁性分拣的方法

将不同的合金分开。

② 差动场资源。场在系统中的不均匀特性可以用于设计、实现某些新的功能，简述如下。

a. 场梯度的利用。例如，在烟囱的帮助下，地表与100m高空中的压力差使炉子中的空气向上流动。

b. 空间不均匀场的利用。例如，为了改善工作条件，工作地点应处于声场强度低的位置。

c. 实际场值与标准值的偏差的利用。例如，病人的脉搏与正常人不同，医生通过分析这种不同为病人看病。

三、资源利用

资源是TRIZ理论的核心之一。在分析具体问题时，不能轻易放弃系统中的任何资源。在解决问题时要充分发挥系统中资源的有用功能，利用现有资源来解决所存在的问题，原则上是要用最少的资源实现所需要的功能。需要指出的是，有很多的发明或创新，就是因为巧妙利用了一般人意想不到的资源，特别是运用了一些已有的、廉价的、免费的资源才有所突破的。比如，手写屏手机，用人的手指代替笔去写字。

在设计过程中，合理地利用资源可使问题的解更容易接近理想解，如果利用了某些资源，还可能取得附加的、未曾设想的效益。产品设计过程中所用到的资源有时不一定明显，需要认真挖掘才能成为有用资源。不同类型资源的特殊性能，可以帮助设计者克服资源的限制。挖掘资源、利用资源应从以下几个方面考虑。

（1）空间

① 选择最重要的子系统，将其他子系统放在空间不十分重要的位置上；

② 最大限度地利用闲置空间；

③ 利用相邻子系统的某些表面或某些表面的反面；

④ 利用空间中的某些点、线、面或体积；

⑤ 利用紧凑的几何形状，如螺旋线；

⑥ 充分利用暂时闲置的空间。

（2）时间

① 在最有价值的工作阶段，最大限度地利用时间；

② 使过程连续，消除停顿、空行程；

③ 顺序动作变换为并行动作，以节省时间，提高效率。

（3）材料

① 利用薄膜、粉末、蒸气，将少量物质扩大到一个较大的空间；

② 利用与子系统混合的环境中的材料；

③ 将环境中的材料，如水、空气等，转变成有用的材料。

（4）能量

① 尽可能提高核心部件的能量利用率；

② 限制利用高成本的能量，尽可能采用低廉的能量；

③ 利用最近的能量；

④ 利用附近系统浪费的能量；

⑤ 利用环境提供的能量。

在产品设计中认真考虑各种资源，有助于开阔设计者眼界，使其能跳出问题本身，这对于顺利解决技术问题特别重要。

第三节　功能分析

一、功能的定义

什么是功能？功能是指技术系统的用途或具有的特定工作能力，具体地说，它是作用于其他组件并改变或保持其他组件参数的行为。只有组件之间存在相互作用的效果才能产生功能。组件是广义的说法，可以是系统中的具体物体、各种场、物体和场的组合等。TRIZ 理论中，功能的载体指的是执行功能的组件，功能的对象是指某个参数由于功能的作用而发生改变或保持的组件。参数是指组件的可以用来比较、测量的某个属性，比如温度、位置、重量等。

功能存在的三个条件：

① 功能的载体和功能的对象都是组件，即物质或场；

② 功能的载体与功能的对象之间必须有相互作用；

③ 功能对象的参数被这个相互作用改变，即组件之间存在相互作用的效果。

从这三个条件不难看出，系统中两个组件的接触，并不一定有功能；功能更加强调结果，即参数的改变。分析“功能”可以让看到问题的本质。

二、功能分析的目的

利用 TRIZ 理论解决具体工程问题的基本方法是“功能分析法”，即从功能的角度对该工程问题进行深入分析，找出关键问题及其根本原因所在，进而寻求解决问题的切入点。

功能分析的目的主要有以下五个方面：

① 清晰地理解问题所在的系统，明确系统组成及其内在的相互关系；

② 发现问题的根本原因所在，为解决问题提供方向；

③ 得到更多问题的突破口，为问题的解决提供更多的思路或方案；

④ 寻找到更多解决问题的资源，充分利用系统中现有的资源；

⑤ 以最少的成本，获得最大的价值。

功能分析的最终目的是优化技术系统功能结构，并减少实现功能的资源消耗，使技术系统以更小的代价获得更大的价值，从而提高系统的理想度。

三、功能的描述

功能分析是从功能的角度，分析技术系统中各组件间存在的功能，其实质是对两两组件之间的功能进行描述，那么如何进行功能描述呢？

在实际应用中，功能的描述是采用动作加对象的方式，如图 3-5 所示，使用箭头和矩形框来表示（动宾结构），其中箭头代表动词（动作），矩形框代表名词（组件）。

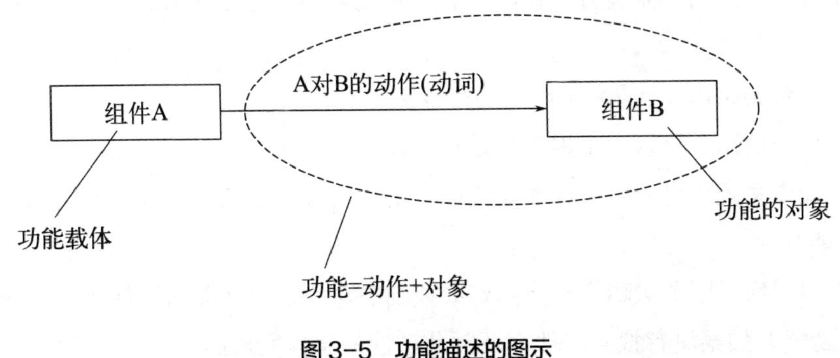

图 3-5 功能描述的图示

例如：电线的功能=传输（动作）+电流（对象）；活塞的功能=挤压（动作）+气体（对象）；公交车的功能=运载（动作）+乘客（对象）。只有对象的参数（至少一个）发生改变的时候，即出现作用效果时，功能才存在，否则功能不存在。例如：传输电流——电流位置（参数）发生了变化；挤压气体——气体体积/密度（参数）发生了变化；运载乘客——乘客位置发生了变化。

功能的描述应力求准确。比如，我们描述头盔的功能，按照日常用语，头盔的功能=保护（动作）+头部（对象），虽然，头盔和头都是组件，头盔戴在头上，二者也存在相互作用，满足功能存在的前两个条件，但第三个条件却不满足，因为它没有改变头部的参数，所以这样描述头盔的功能是不合适的。那么头盔的功能又是什么呢？我们采用第二种描述方法：头盔的功能=阻挡（动作）+子弹（对象），再回过头来看，头盔和子弹二者都是组件，子弹打到头盔上二者是有相互作用的，而且作用的结果是子弹的速度和方向都发生了改变。这样功能存在的三个条件都满足了。对比这两种描述，我们可以看到，第二种描述更加准确，抓住了事物的本质。如果把头盔的作用描述成为保护头部，则在今后的项目中，主要围绕头盔和头部来展开；而如果描述成为如何有效地挡住子弹，则在今后的项目中将会把重点放在如何更加有效地阻挡子弹上面。因此，准确描述功能对于有效解决技术问题，非常重要。

在进行功能描述时，应遵循以下几条原则：

① 针对特定条件下的具体物体进行功能描述；

② 只有在相互作用中才能体现功能，所以在功能描述中必须使用动宾结构反映该功能；

③ 功能存在的条件是对物体的参数有所改变；

④ 功能描述包括作用、作用对象（功能对象）、作用结果；

⑤ 描述功能时必须有补充说明部分，指明功能的作用区域、作用时间、作用方向等。

在功能描述中，一般采用以下几个步骤：

① 首先给出自己认为正确的初始功能描述；

② 检查系统中是否有组件能完成此功能（被分析系统中至少有一个组件参与此项功能）；

③ 用下列问题确认功能描述：如果找到参与完成此功能的组件，请问为何要完成此功能？如果没有找到组件，请问此功能是怎样完成的？

④ 对功能陈述进行验证，确保其准确性和可行性，如有必要，根据验证结果进行调整和优化。

四、功能的分类

功能按不同的级别，可分为主要功能、次要（辅助）功能、无用功能。一个系统能够执行的功能有很多，比如牙刷可以用于去除牙屑，有的人还会用牙刷除锈、刷衣领；椅子的功能是支撑人，但也有人用它来放书（支撑书），放衣服（支撑衣服），在紧急的时候还可以用来打破窗户逃生。如此分下去，一个系统的功能会有很多种，简直是数不胜数。要把握系统的功能，应该抓住系统的主要功能，主要功能是这个工程系统被设计完成的功能。比如，椅子的主要功能是支撑人，而客户买的也恰恰就是这个主要功能。

当然，一个系统的主要功能可能不止一个。比如汽车的主要功能就不止一个，它可以用来运人，也可以用来运货物；又比如空调的主要功能也不止一个，它可以用来加热（制冷）空气，还可以用来调节湿度（增加或减少空气中水的含量），还可以用来过滤灰尘以及杀灭细菌等等。

需要指出的是，“主要功能”非常重要，往往是客户最为关注的。我们与其说客户是在买一个系统，倒不如说客户买的是一个功能。比如，当客户说要买一个灯泡时，其实客户买的是灯泡能够提供的主要功能，即它能产生光。也就是说，“产生光”这个功能是客户想要的。抓住了这一点，我们就想到为客户提供其它产生光的解决方案，如 LED 灯、荧光灯等，而不一定仅仅是为客户提供一个灯泡。

按产生的不同结果，功能可分为有用功能、有害功能，有用功能按照性能水平分为正常功能、不足功能、过度功能，分类及表示符号如图 3-6 所示。能够达到预期功能的称之为正常的功能，不能够达到预期目标的称之为不足的功能，超过预期目标的称之为过量的功能。

有用功能按照功能作用对象的不同，分为基本功能、辅助功能和附加功能。如果作用对象是技术系统的目标，完成了技术系统的主要功能，则这个功能是基本功能；如果功能的对象是系统中的其他组件，则这个功能是辅助功能；如果功能的对象是超系统的组件，则这个功能称为附加功能。基本功能是技术系统的目标，它的分数记为 3 分；辅助功能记为 1 分；附加功能为 2 分。分数越高，说明

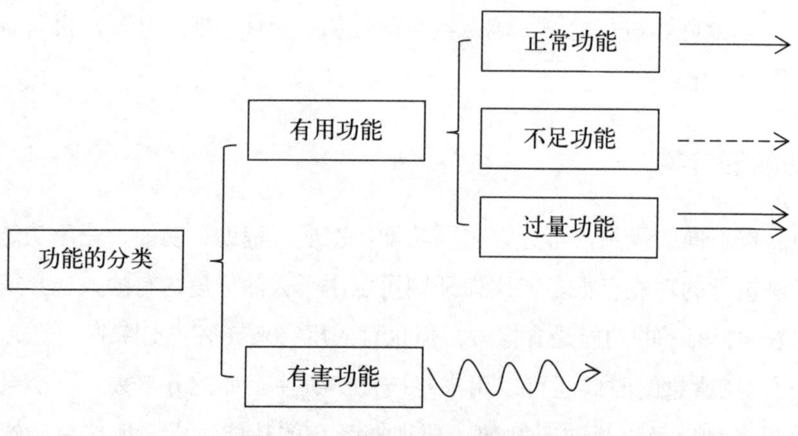

图 3-6　功能的分类及表示符号

图 3-7　水杯示意图

功能越重要，是技术系统的主要功能。用水杯为例说明以上三个功能，水杯主要由杯体和手柄组成，如图 3-7 所示，水杯主要功能是容纳水，水是这个技术系统的目标，对水（目标）的功能就是基本功能，因此，杯体容纳水是基本功能；杯柄是支撑杯体的，作用对象是杯体，是系统组件，则其对杯体的功能是辅助功能。

五、功能分析步骤

功能分析主要分组件分析、组件相互作用分析和组件功能分析三个步骤，并用功能模型展现出来。

1. 组件分析

组件是指完成一个特定功能的单元或系统，它是技术系统或超系统的组成部分，是物质或者是场，或者是物质和场的组合。如常见的桌子、椅子、水和空气等都属于物质；热量、电磁场、重力等都属于场。例如，对装有饮料的瓶子进行组件分析：对于瓶子这个技术系统而言，其系统组件包含了瓶盖、标签、瓶子。其超系统组件有瓶内的饮料、瓶内的空气、桌子、人及外部环境（空气）。对于钉钉子用的锤子进行组件分析：对于锤子这个技术系统而言，其组件包括了锤柄、锤头，而钉子、木板、操作锤子的手为超系统的组件，见图 3-8。

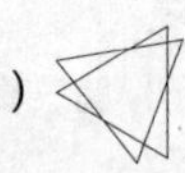

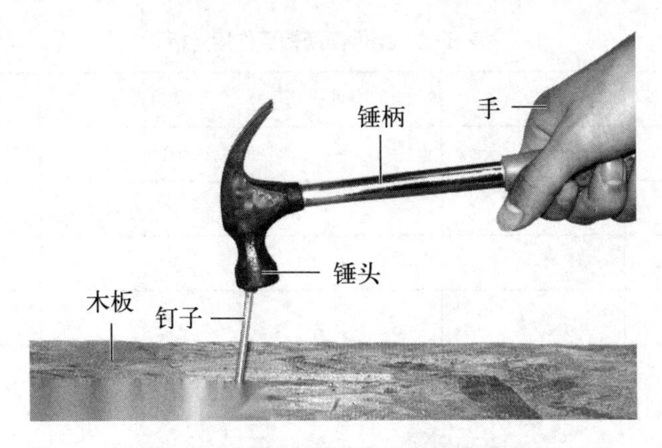

图 3-8　锤子技术系统和超系统的组件

在进行组件分析时，一般遵循两个原则，即最小原则与最大原则。最小原则指直接找到与问题相关的部件，至少分析一级子系统；最大原则指分析所在系统的所有部件。

技术系统组件与组件之间的联系分为物质联系与场联系，其中物质联系是接触式的联系，而场联系是非接触式联系，如温度场、电磁场等。组件之间的作用或联系可能是有用的，也可能是有害的，还可能是中性的 (即未起到有用作用，也未起到有害作用)。

组件分析可以用表格形式（以锤子为例）表达，见表 3-1，能够清晰表达出技术系统、组件和超系统组件。

表 3-1　系统的组件分析

技术系统	技术系统的组件	超系统的组件
锤子	锤头 锤柄	钉子 木板 手

2. 组件相互作用分析

在做完组件分析后，进行技术系统和超系统两两组件之间的相互作用分析。两个组件之间发生作用前提是相互有接触，如椅子腿和坐垫直接接触，两块相距较近的电磁铁通过磁场相互接触等。组件相互作用分析可以采用矩阵表格进行，组件之间可能有相互作用，用“＋”表示，组件之间可能没有相互作用，用“–”表示，如表 3-2 所示。

表 3-2 组件两两相互作用分析

组件	组件 1	组件 2	组件 3	……
组件 1		+	–	
组件 2	+		+	
组件 3	–	+		
……				

组件相互作用分析后，带“+”的说明组件之间可能有功能，后续需要分析具体功能，带“–”的说明组件之间没有相互作用，后续不需要进行功能分析。

在组件相互作用分析时，注意以下几点：

① 有的组件是靠场相互作用的，需要认真分析加以辨别。如描述声音时，一个人说话另一个人能够听到，是通过声场相互接触的；两个挨得较近的相互吸引的磁铁，是通过磁场相互接触的。

② 在做相互作用分析时，全部做完，不要做一半，以便检查是否有遗漏。

现以锤子钉钉子为例，进行组件相互作用分析，见表 3-3。

表 3-3 锤子系统的组件两两相互作用分析

组件	锤头	锤柄	钉子	木板	手
锤头		+	+	–	–
锤柄	+		–	–	+
钉子	+	–		+	–
木板	–	–	+		–
手	–	+	–	–	

3. 组件功能分析和功能建模

组件相互作用分析后，可以采用表 3-4 形式对有相互作用的组件进行功能分析，以“动词 + 对象 / 动词”等形式写出组件功能，判断组件功能等级（基本功能、附加功能、辅助功能，或有害功能）和性能水平（正常、不足或过量），并给出分数。

表 3-4　技术系统功能模型

功能载体	功能	功能等级	性能水平	分数
1	动词 + 对象 / 动词 X	基本、附加、辅助、有害	正常、不足、过量	
	动词 + 对象 / 动词 Y	基本、附加、辅助、有害	正常、不足、过量	
2	动词 + 对象 / 动词 Z	基本、附加、辅助、有害	正常、不足、过量	

功能分析也可以采用图形的形式表示出来，如图 3-9，能够更加形象地把组件之间的相互作用表现出来，有利于对整个技术系统的整体了解和把握。技术系统组件用　表示，超系统组件　用表示，目标用　表示。

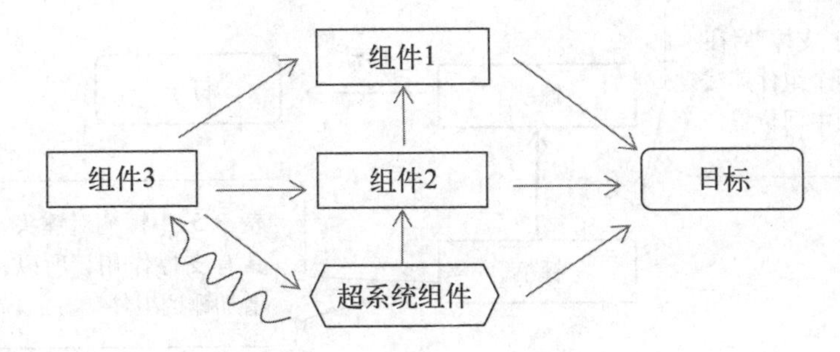

图 3-9　技术系统功能模型图

现在对锤子钉钉子进行功能分析。表 3-5 是锤子技术系统的功能模型表，分析了组件的功能、功能等级和性能水平。

表 3-5　锤子技术系统功能模型

功能载体	功能	功能等级	性能水平	分数
锤头	移动钉子	基本功能	正常	3
锤柄	支撑锤头	辅助功能	正常	1
	振动手	有害功能		
手	移动锤柄	辅助功能	正常	1

图 3-10 是锤子技术系统功能模型的图形化表示，能够形象、清晰地表现组件间作用关系和整体功能情况。

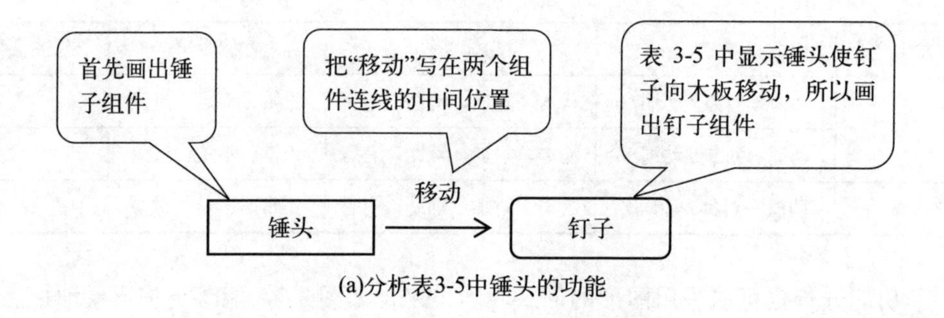

(a)分析表3-5中锤头的功能

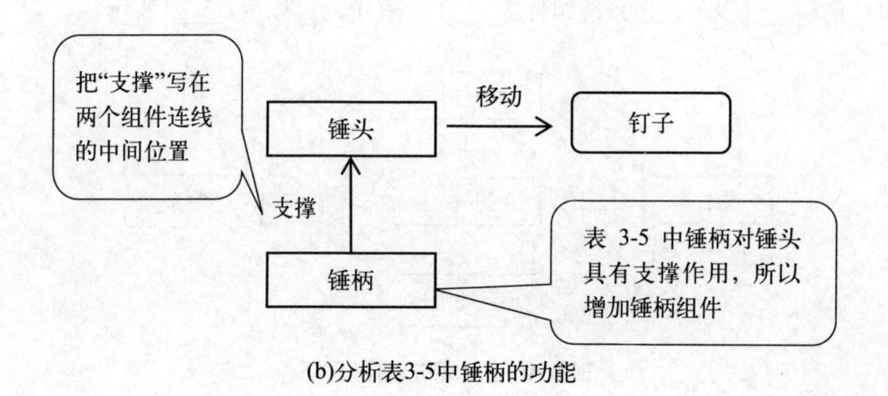

(b)分析表3-5中锤柄的功能

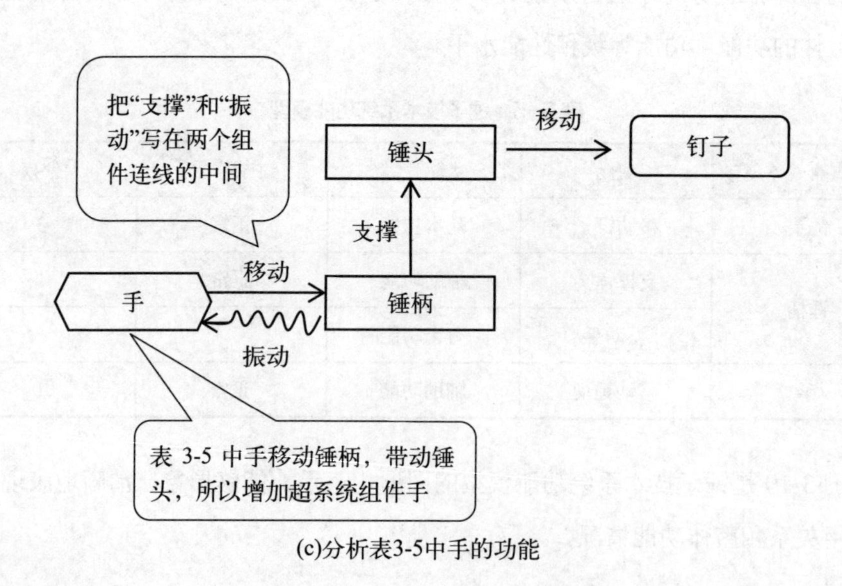

(c)分析表3-5中手的功能

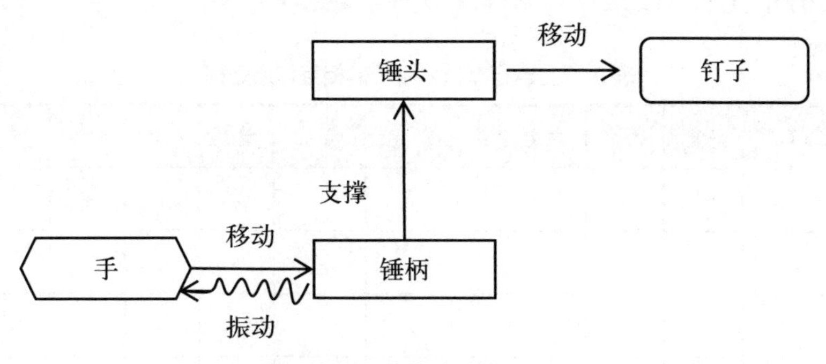

(d)最终形成的功能模型图

图 3-10　锤子技术系统的功能模型图

【案例分析】

现利用所学功能分析知识对自行车技术系统进行分析。

自行车系统
功能分析

1. 自行车技术系统组件分析

自行车技术系统主要由车轮、车架、车把、鞍座、前轮、后轮、小链轮、大链轮、链条和踏板等组件构成，人和地面是自行车技术系统的超系统组件，具体组件见表 3-6。

表 3-6　自行车技术系统组件及超系统组件

技术系统	组件	超系统的组件
自行车技术系统	车轮 车架 车把 鞍座 前轮 后轮 小链轮 大链轮 链条 踏板	人 地面

2. 自行车技术系统组件相互作用分析（表 3-7）

表 3-7　自行车技术系统的相互作用矩阵

	车架	车把	鞍座	大链轮	小链轮	链条	踏板	前轮	后轮	人	地面
车架		+	+	+	–	–	–	+	+	–	–
车把	+		–	–	–	–	–	–	–	+	–
鞍座	+	–	–	–	–	–	–	–	–	+	–
大链轮	+	–	–		–	+	+	–	–	–	–
小链轮	+	–	–	–		+	–	–	+	–	–
链条	–	–	–	+	+		–	–	–	–	–
踏板	–	–	–	+	–	–		–	–	+	–
前轮	+	–	–	–	–	–	–		–	–	+
后轮	+	–	–	–	+	–	–	–		–	+
人	–	+	+	–	–	–	+	–	–		–
地面	–	–	–	–	–	–	–	+	+	–	

注：组件有相互作用的用“+”标记，组件没有相互作用的用“–”标记，组件对自身没有作用不做标记。

3. 功能建模

对表 3-7 中每一个组件对应的每一个标注有“+”的单元，一一分析组件的功能，如表 3-8 所示。

表 3-8　自行车技术系统功能模型

功能载体	功能	功能等级	性能水平	分数
车架	支撑车把	辅助功能	正常	1
	支撑鞍座	辅助功能	正常	1
	支撑大链轮	辅助功能	正常	1
鞍座	支撑人	附加功能	正常	2

续表

功能载体	功能	功能等级	性能水平	分数
大链轮	支撑链条	辅助功能	不足	1
	驱动链条	辅助功能	不足	1
	支撑踏板	辅助功能	正常	1
小链轮	支撑链条	辅助功能	不足	1
	驱动后轮	基本功能	不足	3
链条	驱动小链轮	辅助功能	不足	1
前轮	支撑车架	辅助功能	正常	1
	划伤地面		有害	
后轮	支撑车架	辅助功能	正常	1
	支撑小链轮	辅助功能	正常	1
	划伤地面		有害	
人	驱动踏板	辅助功能	正常	1
	控制车把	辅助功能	正常	1
地面	支撑前轮	辅助功能	正常	1
	支撑后轮	辅助功能	正常	1

将表3-8进行图形化表示，如图3-11所示，能够整体反应自行车技术系统各个组件之间的相互作用。

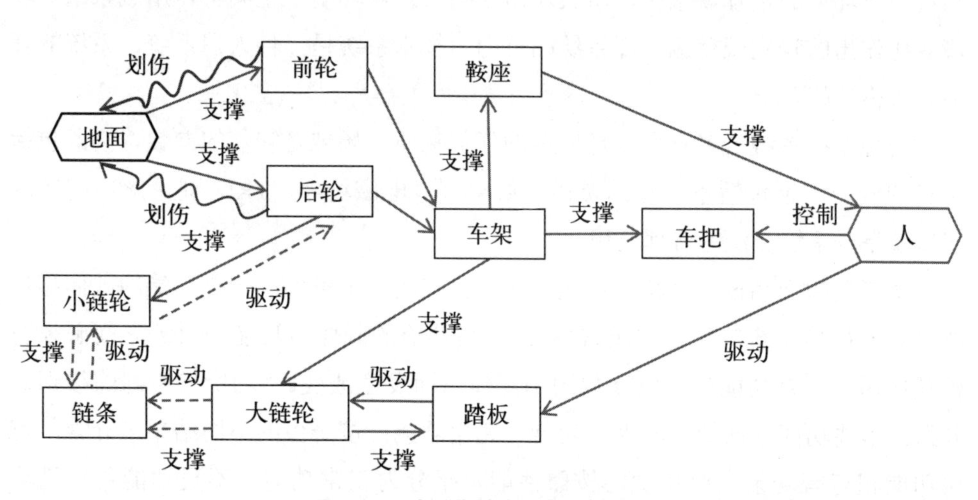

图3-11　自行车技术系统功能模型图

4. 功能缺点列表

可以将功能分析步骤中得到的有问题的功能列出来，形成一个功能缺点列表，见表 3-9。

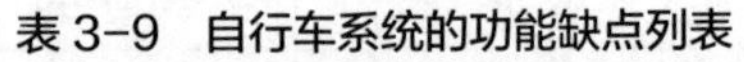

表 3-9　自行车系统的功能缺点列表

序号	功能缺点
1	大链轮轮齿磨损严重，不能与链条正常啮合
2	小链轮轮齿磨损严重，不能与链条正常啮合
3	链条磨损严重，链节变长，不能与链轮正常啮合
4	两个链轮中心距变小

热水瓶系统功能分析

【本章小结】

系统是由若干相互联系、相互作用的部分组成的，并且是在一定环境中具有特定功能的有机整体。组成系统的各个部分，被称为元素、单元或子系统。与系统发生相互作用而又不属于这个系统的所有事物的总和称为系统的环境。系统对于环境有相对独立性，但环境对系统的存在和发展有极大影响和作用：环境对系统进行选择，控制着系统的发展，加速或延缓系统的发展进程。系统的功能是指系统在与环境的相互联系中，所表现出来的系统对环境产生某种作用或系统对环境变化作出的响应或反应，即系统的行为。技术系统是一种人造系统，系统的环境一般称为超系统。

资源是指系统或者它所处环境中的任何物质、场或者它们的参数，它既包括可见的资源，也包括不可见的资源，如空气、电磁场等。TRIZ 理论解决问题的实质就是对系统资源的合理应用。

功能是指产品技术系统的用途。功能存在的三个条件：一是功能的载体和功能的对象都是系统组件（物质或场）；二是功能的载体与功能的对象之间必须有相互作用；三是功能对象的参数因相互作用而发生改变。“功能按不同的级别划分为：主要功能、次要（辅助）功能、无用功能；按产生的不同结果划分为：有用功能和有害功能。有用功能按照性能水平分为正常功能、不足功能和过量功能，有用功能按照作用对象不同又分为基本功能、辅助功能和附加功能。功能分析是从功能的角度对工程问题进行深入分析，找出问题的本质，是对功能存在的三个条件的具体分析。功能分析主要分系统组件分析、组件相互作用分析和组件功能分析三个步骤。

思考题

1. 什么是系统？如何划分系统、子系统以及超系统？
2. 什么是技术系统？其基本特征是什么？什么是技术系统的进化？
3. 简述系统的环境分析。
4. 什么是资源？如何分类？为什么要进行资源分析？
5. 功能存在的三个条件是什么？
6. 什么是功能分析？怎样进行功能分析？
7. 分析洗衣机（或电风扇）这一产品技术系统。
8. 对牙刷进行功能分析。
9. 对剪刀进行功能分析。

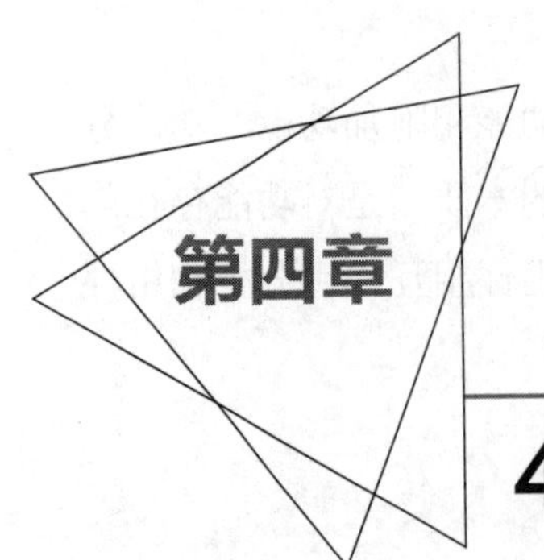

第四章 40条发明原理及其应用举例

【学习目标】

能力目标：

在发明原理的启示下，能够针对技术系统存在的问题提出简单的改进方案。

知识目标：

理解 40 个发明原理及其应用场景。

素质目标：

通过学习发明原理，扩大学生知识视野，扩展学生问题解决思路，提高学生创新性解决问题的能力。

【知识内容】

阿奇舒勒通过对大量的发明专利的研究，发现、提炼并总结归纳了 40 条发明原理，从此让创新的过程走上了方法学的“高速路”，并让创新规律变成了人人都可以学习掌握的一门知识。本章首先介绍发明原理的由来，然后重点介绍阿奇舒勒的 40 条发明原理及应用技巧。如果我们真正掌握了这些发明原理，不仅可以提高发明的效率，缩短发明的周期，而且能使问题的解决更具有可预见性。

第一节　发明原理的由来

什么是发明原理？它是人类在征服自然、改造自然的过程中遵循的客观规律，是人类获得所有的人工制造物时所遵循的发明原理。考察从古至今的发明创新案例，从原始社会到现代社会，从最简单的石斧，到复杂的宇航器，所有的人工制造物，无一例外都遵循了创新的规律，而且，相同的发明创新问题，以及为了解决这些问题所使用的发明原理，在不同的时期、不同的领域中反复出现，也就是说，解决问题（即实现创新）的方法是有规律、有方法可学的。既然是符合客观规律的方法学，那么这个方法学就必然会具有普适意义，必然会在所有的发明创新过程中得到实际的应用和体现。

为此，阿奇舒勒对大量的发明专利进行了研究、分析、总结，提炼出了TRIZ 中最重要的、具有普遍用途的 40 条发明原理。这 40 条发明原理开启了一道解决发明问题的天窗，将发明从魔术推向科学，让那些似乎只有天才才可以从事的发明工作，成为一种人人都可以从事的职业，使原来认为不可能解决的问题可以获得突破性的解决。当前，40 条发明原理已经从传统的工程领域，扩展到微电子、医学、管理、文化教育等当今社会的各个领域，40 条发明原理的广泛应用，产生了不计其数的专利。

阿奇舒勒认为，如果跨领域间的技术能够更加充分地借鉴，就可以更容易地开发出创新的产品。同时他也认为解决发明问题的规律是客观存在的，如果掌握这些规律，可以跨越领域、行业的局限，提高发明的效率，缩短发明的周期，使解决发明问题更具有可预见性。

在今天，创新方法已经成为了全人类共有的知识成果，正在强有力地推动着人类文明的发展与前进。学习并掌握 40 条发明原理，对于解决科研、生产和生活中的各种问题，有着重要的启示和神奇的促进作用。如果我们掌握了创新的规律，以创新的方法学作为指导，创新也将变成一件人人可以做到的事情了。

第二节　发明原理内容详解

表 4-1 所示为 40 条 TRIZ 发明原理，蕴涵了人类发明创新所遵循的共性原理，是 TRIZ 中用于解决矛盾（问题）的基本方法。这 40 条发明原理是阿奇舒勒最早奠定的 TRIZ 理论的基础内容，实践证明，其是行之有效的创新方法。然而，正确理解各个原理之间以及每条原理的各子条目间的关系，才能事半功倍。以下是正确理解的几点原则：

① 各原理之间不是并列的，是互相融合的；

② 发明原理体现了系统进化论法则；

③ 发明原理的各子条目之间层次有高低，前面的有概括性，后面的有具体性。

表 4-1　40 条 TRIZ 发明原理

序号	原理名称	序号	原理名称	序号	原理名称	序号	原理名称
1	分割	11	事先防范	21	减少有害作用的时间	31	多孔材料
2	抽取	12	等势	22	变害为利	32	改变颜色
3	局部质量	13	反向作用	23	反馈	33	均质性
4	增加不对称性	14	曲面化	24	借助中介物	34	抛弃或再生
5	组合	15	动态特性	25	自服务	35	改变物理或化学参数
6	多用性	16	未达到或过度作用	26	复制	36	相变
7	嵌套	17	空间维数变化	27	廉价代替品	37	热膨胀
8	重量补偿	18	机械振动	28	机械系统替代	38	强氧化剂
9	预先反作用	19	周期性作用	29	气压和液压结构	39	惰性环境
10	预先作用	20	有效作用的连续性	30	柔性壳体或薄膜	40	复合材料

下面是阿奇舒勒对 40 条发明原理的经典解释，以及本书整理归纳的一些应用实例和使用技巧，大部分发明原理包括几种具体的应用方法。

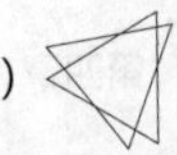

一、分割原理

1. 分割原理的具体措施

① 把一个物体分成相互独立的部分。

例如：用卡车加拖车的方式代替一体式卡车；为不同材料（如玻璃、纸、金属等）的再回收设置不同的回收箱；把大袋茶叶分装成小袋茶叶。

② 将物体分成容易组装和拆卸的部分。

例如：模块化家具方便运输和搬运；管道可快速拆卸连接；可拆帽子的衣服。

③ 提高物体的可分性。

例如：活动百叶窗替代整体窗帘；用粉状焊料代替棒状焊条。

2. 分割原理的应用技巧

如果系统因重量或体积太大而不易操作和维修，则将其分割成若干轻便的子系统，使每一部分均易于操作和维修。

二、抽取原理

1. 抽取原理的具体措施

① 从物体中抽出产生负面影响的部分或属性。

例如：空气压缩机工作，将其产生噪声的部分即压缩机移到室外；使用净水机过滤出有害物质；利用避雷针，把雷雨产生的电荷引入大地，从而避免建筑物遭受雷击。

② 仅抽出物体中必要的部分或属性。

例如：用光纤或光波导分离主光源，以增加照明点；用电子狗代替真狗充当警卫，以减少伤人事件的发生；使用狂吠的狗的声音，而不是用真实的狗，作为防盗报警器。

2. 抽取原理的应用技巧

把系统中的功能或部件分成有用、有害部分，视具体情况抽取出来。注意：抽取的目的是为系统增加价值。抽取同样可应用于非实物或虚拟的情况。

三、局部质量原理

1. 局部质量原理的具体措施

① 将物体、环境或外部作用的均匀结构变为不均匀的结构。

例如：将系统的温度、密度、压力由恒定值改为变化量；带奶油和水果的生日蛋糕。

② 让物体的不同部分各具不同功能。

例如：瑞士军刀（带多种常用工具，如螺钉旋具、起瓶器、小刀、剪刀等）；羊角锤（既可起钉子，又可钉钉子）。

③ 让物体的各部分处于完成各自功能的最佳状态。

例如：在餐盒中设置间隔，在不同的间隔内放置不同的食物，避免串味；企业安排举止文雅且谈吐利落的人员负责接待工作。

2. 局部质量原理的应用技巧

不均匀的系统结构和环境往往是最有适应性的，关键是要实现系统中各种资源的最优化配置。

四、增加不对称性原理

1. 增加不对称性原理的具体措施

① 将物体的对称外形变为不对称的外形。

例如：为改善密封性，将 O 型密封圈的截面由圆形改为椭圆形；为增强混合功能，在对称容器中用不对称的搅拌装置（搅拌车、搅拌机等）；引入一个不对称的几何特性来防止元件不正确使用，如 USB 插头，如果插反就插不进去了。

② 增加不对称物体的不对称程度。

例如：为增强防水保温性，建筑上采用多重坡屋顶。锁和钥匙采用增加不对称程度的唯一键合结构，以保证一把钥匙只能打开一把特定锁。

2. 增加不对称原理的应用技巧

对系统的状态做出变更，如改变系统平衡、让系统倾斜、减少材料用量、降

低总重量、调整物质流、变换支持负载等，从而消除冗余（如重量等）或提高性能（如密封性等）。

五、组合原理

1. 组合原理的具体措施

① 在空间上将相同物体或相关操作加以组合。

例如：并行计算机的多个CPU；通风系统的成组叶片；集成电路板上的多个电子芯片。

② 在时间上，将相同或相关操作进行合并，最好是实现并行工作，以提高工作效率。

例如：冷热水混水器；同时分析多项指标的综合参数测试仪。

③ 将具有不同（或相反）功能的对象合并或组合在一起实现新的功能。

例如：带橡皮的铅笔，既可以写字，又可以擦除。

2. 组合原理的应用技巧

将新材料、新技术引入到老的系统中，在时间和空间上加以组合，可以提高系统性能。

六、多用性原理

1. 多用性原理的具体措施

① 使一个物体具备多项功能。

例如：牙刷的手柄内装牙膏；可移动的儿童安全椅，可放在汽车内使用，也可拿出汽车外单独作为儿童车使用。

② 消除了该功能在其他物体内存在的必要性（进而裁减其他物体）。

例如：万能视频播放器，裁减掉其他的只支持单一文件格式的视频播放器；会议小组的领导人同时充当记录员，从而精简了会议人员。

2. 多用性原理的应用技巧

在任意时间、地点和系统级别上，当系统具有多用性时，可以让系统具有更多的协作或者增值机会。

七、嵌套原理

1. 嵌套原理的具体措施

① 把一个物体嵌入另一个物体，然后将这两个物体再嵌入第三个物体，依此类推。

例如：俄罗斯套娃；汽车安全带；叠加放置的纸杯；超市的手推车，可以嵌套在一起，节省存放空间。

② 让某物体穿过另一物体的空腔。

例如：伸缩式天线；伸缩式教鞭；伸缩式变焦镜头；在飞机机身内部配载的伸缩起落架。

2. 嵌套原理的应用技巧

尝试在不同方向上（如水平、垂直、旋转或包容）嵌套，考虑空间的利用和被嵌套对象的重量。

八、重量补偿原理

1. 重量补偿原理的具体措施

① 将某一物体与另一能提供升力的物体组合，以补偿其重量。

例如：在一捆原木中加入泡沫材料，水运时使之更好地漂浮；用氢气球悬挂广告牌；游泳救生圈。

② 通过与环境（利用空气动力、流体动力或其他力等）的相互作用，实现物体的重量补偿。

例如：飞机机翼的形状可以减小机翼上面空气的密度，增加机翼下面空气的密度，从而产生升力；直升机的螺旋桨（利用空气动力学）；轮船应用阿基米德定律产生可承重千吨的浮力；赛车上安装阻流板，用来增加车身与地面的摩擦力，利用了空气动力学的原理。

2. 重量补偿原理的应用技巧

充分利用空气、重力、流体等进行举升或补偿，从而抵消现有系统 / 超系统 / 环境中的不利作用（如力或重量）。

九、预先反作用原理

1. 预先反作用原理的具体措施

① 事先施加反应力，以抵消不希望产生的过大应力。

例如：为了抵消焊接变形，在焊接两块钢板时事先弯曲一定角度；在饮酒之前吃些化解酒精的药物或食物，可以防止醉酒。

② 如果需要某种相互作用，那么事先施加反作用。

例如：对不希望暴露于 X 射线下的身体部位覆盖铅围裙；用覆盖物遮挡不需喷涂物体的一部分；在灌注混凝土之前，对钢筋预加应力；给钟表上弦。

2. 预先反作用原理的应用技巧

关键在于预先采取行动来抵消、控制或防止潜在故障的出现，包括自然或人的相互作用，如压力、危机、厌倦等。

十、预先作用原理

1. 预先作用原理的具体措施

① 预先对物体（全部或部分）施加必要的改变。

例如：不干胶粘贴（只需揭出透明纸，即可用来粘贴）；对外科手术需要的所有器械，在一个密封的托盘内消毒，并摆放整齐。

② 预先安置物体，使其在最方便的位置开始发挥作用而不浪费运送时间。

例如：在停车场安置的预付费系统；建筑物通道里安置的灭火器；准时生产 JIT（Just in Time）工厂的看板。

2. 预先作用原理的应用技巧

在某一事件或过程之前采取行动。目的在于增强安全性、减少事故、简化工作流程、维持正常高效生产。

十一、事先防范原理

1. 事先防范原理的具体措施

采用事先准备好的应急措施，补偿物体相对较低的可靠性。例如：降落伞的备用伞包；航天飞机的备用输氧装置。

2. 事先防范原理的应用技巧

采用各种各样的技术手段来防止系统故障的发生和灾难的扩大。防撞、防漏、防跌、防坠物、防晒、防盗、防灾等，都属于事先防范的范畴。

十二、等势原理

1. 等势原理的具体措施

改变操作条件，将物体放在同一等势面上，使物体不需要提升或下降。例如：工厂中与操作台同高的传送带；搬运货物的叉车；在两个不同高度水域之间的运河上设置的水闸。

2. 等势原理的应用技巧

关键是避免“直接对抗重力”。可以通过环境、结构或系统所提供的资源，以最小的附加能量消耗，有效地消除不等位势（有害作用）。

十三、反向作用原理

1. 反向作用原理的具体措施

① 用相反的动作代替问题定义中所规定的动作。

例如：两个套紧的物体分离，将内层物体冷冻（传统的方法是将外层物体升温）；定子与转子反向转动的电机。

② 让物体或环境可动部分不动，不动部分可动。

例如：加工中心中变工具旋转为工件旋转；健身器材中的跑步机。

③ 将物体上下或内外颠倒。

例如：把杯子倒置从下边向上喷水进行清洗；通过翻转容器以倒出谷物；将装配件翻转倒置，以方便装上紧固件（尤其是螺钉）。

2. 反向作用原理的应用技巧

尝试让系统以某种方式“反转”或颠倒，看系统能否由此获得新动能、新特征、新作用及新对象。

十四、曲面化原理

1. 曲面化原理的具体措施

① 将物体的直线、平面部分用曲线或者球面代替，变平行六面体或者立方体结构为球形结构。

例如：在两个表面间引入圆倒角，以减少应力集中；在建筑物中采用拱形或圆屋顶来增加强度。

② 使用滚筒、球、螺旋结构。

例如：千斤顶中螺旋机构可产生很大的升举力；圆珠笔和钢笔的球形笔尖，使书写流畅，而且提高了笔的使用寿命。

③ 改直线运动为旋转运动，应用离心力。

例如：洗衣机中的离心甩干机；离心铸造是将金属液在离心力的作用下充型和凝固，使铸件组织致密，机械性能好，是一种节省材料、节省能耗、高效益的铸造工艺。

2. 曲面化原理的应用技巧

在各种情况及各个系统中寻找线性情况、关系，直线、平面及立方体形状，然后尝试预测在改变为非线性状态后可以实现哪些新的功能。

十五、动态特性原理

1. 动态特性原理的具体措施

① 调整物体或环境的性能，使其在工作的各阶段达到最优状态。

例如：飞机中的自动导航系统；车辆的可调节座椅以及后视镜。

② 分割物体，使其各部分可以改变相对位置。

例如：装卸货物的铲车，通过铰链连接两个半圆形铲斗，铲斗可以自由开闭，装卸货物时张开，铲车移动时闭合；折叠椅；笔记本电脑。

③ 如果一个物体整体是静止的，使之移动或可动。

例如：可弯曲的饮用吸管；在医疗检查中使用的柔性肠镜。

2. 动态特性原理的应用技巧

尝试让系统中的某些几何结构成为柔性的、可自适应的结构；往复运动的部分成为可旋转的结构；让相同的部分执行多种功能；使系统可兼容于不同的场合或环境。

十六、未达到或过度作用原理

1. 未达到或过度作用原理的具体措施

如果所期望的效果难以百分之百实现，稍微超过或稍微小于期望效果，会使问题大大简化。

例如：印刷时，喷过多的油墨，然后再去掉多余的油墨，使字迹更清晰；在地板砖缝隙内填充过多的白水泥，然后打磨平滑。

2. 未达到或过度作用原理的应用技巧

当系统不能获得最佳值时，先从最容易掌握的情况或最容易获得的东西入手，尝试在“多于”和“少于”之间过渡；尝试在“更多”和“更少”之间渐进调整等。

十七、空间维数变化原理

1. 空间维数变化原理的具体措施

① 将物体一维运动变为二维（如平面）运动，以克服一维直线运动或定位的困难；或过渡到三维空间运动，以消除物体在二维平面运动或定位的问题。

例如：可以减少占地面积的螺旋楼梯；多轴联动数控机床。

② 单层排列的物体变为多层排列。

例如：立体停车场；立交桥；印刷电路板的双层芯片。

③ 将物体倾斜或侧向放置。

例如：自动垃圾卸载车。

④ 利用给定表面的反面。

例如：双面的地毯；两面穿的衣服；双面胶。

⑤ 利用照射到邻近表面或物体背面的光线。

例如：在花房朝北的区域加一个反射镜来反射太阳光，以改善此区域白天的光照效果；苹果树下的反射镜。

2. 空间维数变化原理的应用技巧

考虑改善空间的使用效率和可行性等。如果将一个对象转换到一个新的维度上还不能满足要求，则需要对其进行第二次或第三次转换；考虑使用对象的另一个不同侧面。

十八、机械振动原理

1. 机械振动原理的具体措施

① 使物体处于振动状态。

例如：手机在开会时处于振动状态；电动振动剃须刀；选矿用的机械振动筛。

② 如果已处于振动状态，提高振动频率（直至超声振动）。

例如：超声波清洗；振动送料器。

③ 利用共振频率。

例如：超声波碎石机击碎胆结石；随着接触介质的不同，共振音响发出不同的声音。

④ 用压电振动代替机械振动。

例如：高精度时钟使用石英振动机芯；高频振动控制中，采用压电式振动传感器代替机械式振动传感器。

⑤ 超声波振动和电磁场耦合。

例如：超声波振动和电磁场共用，在电熔炉中混合金属，使混合均匀；电磁场超声波驱虫器，同时利用了电磁场和超声波。

2. 机械振动原理的应用技巧

切勿假定一个稳定系统是最佳的。尝试采用不稳定的、变化的，但同时是可控的系统。例如，当电流由直流变为交流时，可以产生多种新特征，如电磁波、电磁感应等。

十九、周期性作用原理

1. 周期性作用原理的具体措施

① 用周期性动作或脉冲动作代替连续动作。

例如：警车所用警笛改为周期性鸣叫，避免产生刺耳的声音；汽车的雨刷器。

② 如果周期性动作正在进行，则改变其运动频率。

例如：用频率调音代替摩尔电码；使用 AM（调幅）、FM（调频）、PWM（脉宽调制）来传输信息。

③ 在脉冲周期中利用暂停来执行另一有用动作。

例如：医用的呼吸机为患者每做五次胸廓运动，患者就进行一次心肺呼吸；乐队中的鼓点。

2. 周期性作用原理的应用技巧

尝试采用多种方式来改变现有系统的功能，如生产间歇、改变频率、利用脉冲间隙等，要评估这种改变是否能带来新的功能，带来新的功能后如何强化这种改变。

二十、有效作用的连续性原理

1. 有效作用的连续性原理的具体措施

① 物体的各个部分同时满载持续工作，以提供持续可靠的性能。

例如：汽车在路口停车时，飞轮储存能量，以便汽车随时启动；连续弯折钢丝，以使其折断；按时缴纳手机话费。

② 消除空闲和间歇性动作。

例如：针式打印机的打印头在回程过程中也进行打印，不耽误前台工作；工厂的倒班制度。

2. 有效作用的连续性原理的应用技巧

要重点搜寻动态系统的间歇时刻或已损失能量（动作），任何“从零开始”的或使工作流中断的“过渡过程”都可能损害到整个系统的效率，必须予以消除。

二十一、减少有害作用的时间原理

1. 减少有害作用的时间原理的具体措施

将危险或有害的流程或步骤在高速下进行。例如：照相用闪光灯；快速冷冻鱼虾；紫外线杀灭细菌；X 射线透视；牙医使用高速电钻，可避免烫伤患者的口腔组织；快速切割塑料，在材料内部的热量传播之前完成切割，避免塑料变形。

2. 减少有害作用的时间原理的应用技巧

如果系统在执行一个动作期间出现了有害或危险的功能或状况，则考虑寻找各种方式来加快其执行速度。

二十二、变害为利原理

1. 变害为利原理的具体措施

① 利用有害的因素（特别是环境中的有害效应），得到有益的结果。

例如：废热发电；回收废物二次利用，如再生纸。

② 将两个有害的因素相结合，进而消除它们。

例如：潜水中用氮氧混合气体，以避免单用造成人员昏迷或中毒；在腐蚀性的溶液中，添加缓冲剂；中医“以毒攻毒”的疗法。

③ 增大有害因素的幅度，直至有害性消失。

例如：森林灭火时用逆火灭火（为熄灭或控制即将到来的野火蔓延，燃起另一堆火将即将到来的野火的通道区域烧光）。

2. 变害为利原理的应用技巧

把自己不能使用的东西转变为自己可以使用的东西，或者让一种有害作用与其他作用相结合，从而将其消除，使系统获得新的价值。

二十三、反馈原理

1. 反馈原理的具体措施

① 在系统中引入反馈。

例如：声控喷泉；自动导航系统；声控灯；电饭煲；利用力矩扳手显示螺栓拧紧的程度。

② 如果已引入反馈，改变其大小或作用。

例如：声控喷泉通过改变声音的频率，控制水泵电机的转速，从而改变水泵的压力，使喷出的水具有高低变化。

2. 反馈原理的应用技巧

将系统中任何（有用或有害的）改变所产生的信息，都视作一种反馈信息源，用来执行矫正系统的作用。若使用反馈，则设法来改变其反馈幅度。

二十四、借助中介物原理

1. 借助中介物原理的具体措施

① 使用中介物实现所需动作。

例如：利用扳手拧紧螺栓；用拨子弹月琴；用镊子夹取细小零件；用机器人去从事危险性的操作。

② 把一个物体与另一个容易去除的物体暂时结合。

例如：方便拿纸杯的杯托；饭店上菜的托盘；搬运货物时，使用货架可以多叠放物品，提高工作效率。

2. 借助中介物原理的应用技巧

在不匹配或有害的结构（功能、事件、状况或团体）之间，经协调而建立一种临时连接，即中介物，它是某种可轻松去除的中间载体、分隔物或过程。

二十五、自服务原理

1. 自服务原理的具体措施

① 物体通过执行辅助或维护功能为自身服务。

例如：自清洗烤箱；自助饮水机；红外感应水龙头；自动取款机（ATM）。

② 利用废弃的能量与物质。

例如：将麦秸或玉米秆等直接填埋，做下一季庄稼的肥料；再生纸；用动物的粪便做肥料；利用发电过程中产生的热能取暖。

2. 自服务原理的应用技巧

巧妙利用“自然控制机构”的某种功能，如重力、水力、毛细管等物理、化学或者几何效应。

二十六、复制原理

1. 复制原理的具体措施

① 用简单、廉价的复制品代替复杂、昂贵、不方便、易损、不易获得的

物体。

例如：虚拟现实系统，如虚拟训练飞行员系统；看电视直播，而不到现场观看。

② 用光学复制品（图像）代替实物或实物系统，可以按一定比例放大或缩小图像。

例如：用卫星相片代替实地考察；通过图片测量实物尺寸。

③ 如果已使用了可见光复制品，用红外光或紫外光复制品代替。

例如：利用紫外光诱杀蚊蝇；红外夜视仪。

2. 复制原理的应用技巧

广义的复制其实是一种映射。多种手段都可以实现复制，例如实物模型、计算机模型、数学模型或其他能够满足要求的模型技术。注意考虑改变复制物的比例。

二十七、廉价代替品原理

1. 廉价代替品原理的具体措施

用若干便宜的物体代替昂贵的物体，同时降低某些质量要求（如工作寿命）。例如：一次性纸杯或塑料杯；塑料鞋套；一次性注射器；一次性口罩；手术服；婴儿纸尿裤。

2. 廉价代替品原理的应用技巧

简单替代复杂，廉价替代高价，“短命”替代“长寿”。可以替代的对象不单是机器、工具和用品，也可以是信息、能量、人及过程。

二十八、机械系统替代原理

1. 机械系统替代原理的具体措施

① 用视觉系统、听觉系统、味觉系统或嗅觉系统代替机械系统。

例如：用声音栅栏代替实物栅栏（如光电传感器控制小动物进出房间）；在煤气中掺入难闻气体，警告使用者气体泄漏（替代机械或电子传感器）。

② 使用与物体相互作用的电磁场。

例如：为了混合两种粉末，用电磁场代替机械振动使粉末混合均匀；静电除尘。

③ 用运动场代替静止场，时变场代替恒定场，结构化场代替非结构化场。

例如：早期的通信系统用全方位检测，现在用特定发射方式的天线检测。

④ 将场和铁磁粒子组合使用。

例如：用不同的磁场加热含磁粒子的物质，当温度达到一定程度时，物质变成顺磁，不再吸收热量，来达到恒温的目的。

2. 机械系统替代原理的应用技巧

首先考虑用物理场来替代机械场，由可变场来替代恒定场，由结构化场来替代非结构化场，由生物场来替代机械作用。在非物理系统中，概念、价值或属性都是可以被替代的对象。

二十九、气压和液压结构原理

1. 气压和液压结构原理的具体措施

将物体的固体部分用气体或流体代替，如充气结构、充液结构、气垫、液体静力结构和流体动力结构等。

例如：气垫运动鞋，减少运动对足底的冲击；汽车减速时液压系统储存能量，在汽车加速时再释放能量；运输易损物品时，经常使用发泡材料作防护；儿童游乐场中的充气型水坝。

2. 气压和液压结构原理的应用技巧

注意观察系统中是否包含具有可压缩性、流动、湍流、弹性及能量吸收等属性的元件，出现上述情况时，可用气动或液压元件代替原有零部件。

三十、柔性壳体或薄膜原理

1. 柔性壳体或薄膜原理的具体措施

① 使用柔性壳体或薄膜代替标准结构。

例如：在网球场地上采用充气薄膜结构作为冬季保护措施；农业上使用塑料大棚种菜。

② 使用柔性壳体或薄膜，将物体与环境隔离。

例如：水上步行球，将人与水隔离，使人体验水上行走的乐趣；农业中用地

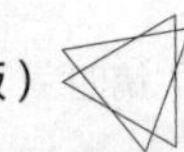

膜防止土壤水分蒸发。

2. 柔性壳体或薄膜原理的应用技巧

如果打算将一个问题与其环境隔离，或者考虑运用薄的对象代替厚的对象，都可以考虑使用柔性壳体或薄膜原理。

三十一、多孔材料原理

1. 多孔材料原理的具体措施

① 使物体变为多孔或加入多孔物体（如多孔嵌入物或覆盖物）。

例如：机器上用的孔板式齿轮或孔板式带轮；建筑用的多孔砖；纱窗；蚊帐。

② 如果物体是多孔结构，在小孔中事先引入某种物质。

例如：印台盒里储存印油的海绵；药棉。

2. 多孔材料原理的应用技巧

使用孔穴、气泡、毛细管等孔隙结构时，这些结构可不包含任何实物粒子，可以真空，也可以充满某种有用的气体、液体或固体。

三十二、改变颜色原理

1. 改变颜色原理的具体措施

① 改变物体或环境的颜色。

例如：在车床扳手上涂黄色作为警戒色，提醒工人开机前不要忘记拔出扳手；在家具上涂示温油漆，用油漆颜色变化来表示不同的室内温度。

② 改变物体或环境的透明度。

例如：变色眼镜根据光强改变透光度；感光玻璃，随光线改变其透明度；透明绷带不必取掉即可观察伤情。

③ 为了观察难以看到的物体或过程，在物体中添加颜色。

例如：紫外光笔可鉴别真伪钞；人民币上的荧光防伪标记。

④ 如果已经添加了颜色，则考虑增强发光追踪或原子标记。

例如：在交通警察服装上常添加荧光粉，使之在黑暗中发光，有利于交警执勤需要和保证其安全。

2. 改变颜色原理的应用技巧

当目的是区别多种系统的特征（例如促进检测、改善测量或标识位置、指示状态改变、目视控制、掩盖问题等）时，都可以使用该原理。

三十三、均质性原理

1. 均质性原理的具体措施

存在相互作用的物体用相同材料或特性相近的材料制成。例如：使用与容纳物相同的材料来制造容器，以减少发生化学反应的机会；方便面的料包外包装用可食性材料制造；医学上的自体移植。

2. 均质性原理的应用技巧

优先寻找两种材料的或多种材料之间的等同性，即两种材料的属性足够接近，一起使用不会产生明显害处。这种等同性能给系统带来益处。

三十四、抛弃或再生原理

1. 抛弃或再生原理的具体措施

① 采用溶解、蒸发等手段抛弃已完成功能的零部件，或在系统运行时直接修改它们。

例如：用干冰或冰粒打磨工件，打磨完后自行消失，无残留；可溶性的药物胶囊；火箭助推器在完成其作用后立即分离。

② 在工作过程中迅速补充系统或物体中消耗的部分。

例如：自动铅笔可随时补充消耗掉的铅芯。

2. 抛弃或再生原理的应用技巧

一旦一种功能已完成，立即将其从系统中去除，或者立即对其进行恢复以实现再利用。

三十五、改变物理或化学参数原理

1. 改变物理或化学参数原理的具体措施

① 改变聚集态（物态）。

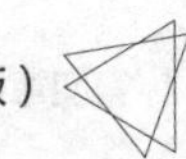

例如：在制作巧克力糖果的过程中，先将液态的酒冰冻，然后浸入溶化的巧克力中；将氧气、氮气或石油气从气态转换为液态，以减小体积。

② 改变浓度或密度。

例如：用液态的肥皂水代替固体肥皂，可以控制使用量，减少浪费；压缩饼干。

③ 改变柔度。

例如：硫化橡胶改变了橡胶的柔性和耐用性。

④ 改变温度。

例如：提高烹饪食品的温度（改变食品的色、香、味）；降低医用标本保存温度，以备后期解剖。

2. 改变物理或化学参数原理的应用技巧

可以考虑改变系统或对象的任意属性（对象的物理或化学状态、密度、导电性、机械柔性、温度、几何结构等）来实现系统的新功能。需要指出的是，改变物理或化学参数原理是所有发明原理中使用频率最高的原理。

三十六、相变原理

1. 相变原理的具体措施

利用物质相变时产生的某种效应，如体积改变，吸热或放热。例如：水在固态时体积会发生膨胀，可利用这一特性进行定向无声爆破；用干冰制造舞台的烟雾效果。

2. 相变原理的应用技巧

为了产生气溶胶、吸收或释放能量、改变体积，以及产生一种有用的力，都可以利用相变原理。典型的相变包括：气、液、固体彼此之间的转换和逆转换。

三十七、热膨胀原理

1. 热膨胀原理的具体措施

① 使用热膨胀或热收缩材料。

例如：装配金属双环时，可使内环冷却收缩，外环升温膨胀，再将两环装配，待恢复常温后，内外环就紧紧装配在一起了；踩瘪的乒乓球用热水一烫就恢复原状。

② 组合使用不同热膨胀系数的几种材料。

例如：热敏开关（两条粘在一起的金属片，由于两片金属的热膨胀系数不同，对温度的敏感程度也不一样，可产生变形并实现温度控制）；双金属片传感器，使用不同膨胀系数的金属材料连接在一起，当温度变化时双金属片会发生弯曲。

2. 热膨胀原理的应用技巧

热膨胀可以是正向或负向的。热膨胀的运用范围并不只限于热场，重力、气压、海拔高度或光线的变化都可能引起热膨胀或收缩。

三十八、强氧化剂原理

1. 强氧化剂原理的具体措施

① 用富氧空气代替普通空气。

例如：为实现持久在水下呼吸，水中呼吸器中储存浓缩空气；富氧炼钢。

② 用纯氧代替空气。

例如：用乙炔 - 氧代替乙炔 - 空气切割金属；高压纯氧既可杀灭伤口厌氧细菌，又帮助伤口愈合。

③ 用空气或氧气进行电离辐射。

例如：空气过滤器通过电离空气来捕获污染物。

④ 使用离子化氧气。

例如：使用负氧离子空气清新机清新室内空气。

⑤ 用臭氧代替含臭氧氧气或离子化氧气。

例如：臭氧溶于水中可去除船体上的多种有机或无机污染物、有毒物。

2. 强氧化剂原理的应用技巧

提高氧化水平的次序为空气→富含氧气的空气→纯氧→电离化氧气→臭氧。在非物理系统中，“氧化剂”可以是能够导致过程加速或失稳的任何外部元素。

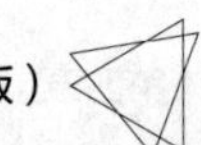

三十九、惰性环境原理

1. 惰性环境原理的具体措施

① 用惰性环境代替通常环境。

例如：用氩气等惰性气体填充灯泡，做成霓虹灯；在音响中合理敷设泡沫材料，以吸收不良振动，确保高保真效果。

② 使用真空环境。

例如：用真空包装封存食品，延长储存期；真空镀膜机。

2. 惰性环境原理的应用技巧

制造一种惰性环境，可以考虑各种可用的环境类型：真空、气体、液体或固体。固体惰性环境包括中性涂层、微粒或要素，同时还要考虑“不产生有害作用的环境”。

四十、复合材料原理

1. 复合材料原理的具体措施

用复合材料代替均质材料。

例如：飞机外壳材料用复合材料代替；用玻璃纤维制成的冲浪板，更加易于控制运动方向和制成各种形状；耐磨的强化复合实木地板；轻便的复合材料防弹衣。

2. 复合材料原理的应用技巧

采用复合材料就是改变物体构成材料的成分或种类。没有分层时可以考虑分层；没有添加增强纤维时，可以考虑添加增强纤维（或其他增强材料）等。

【本章小结】

阿奇舒勒在分析大量专利的基础上，总结出的人类发明创新所遵循的 40 条发明原理，是 TRIZ 理论中用来解决技术矛盾和物理矛盾的基本方法。

本章通过大量的案例详细地解读了 40 条发明原理，适合初学者反复阅读理解。掌握发明原理及应用技巧，可以跨越领域、行业的局限，提高发明的效率、缩短发明的周期，使解决发明问题更具有可预见性。

思考题

1. 结合你的看法，试述 TRIZ 发明原理的由来。
2. 要正确理解 40 条发明原理，需把握哪些原则？
3. 结合日常生活和生产实践，针对每条发明原理，请举出 2～3 个实例。
4. 结合你的理解，用自己的语言解释每条发明原理的具体内容。

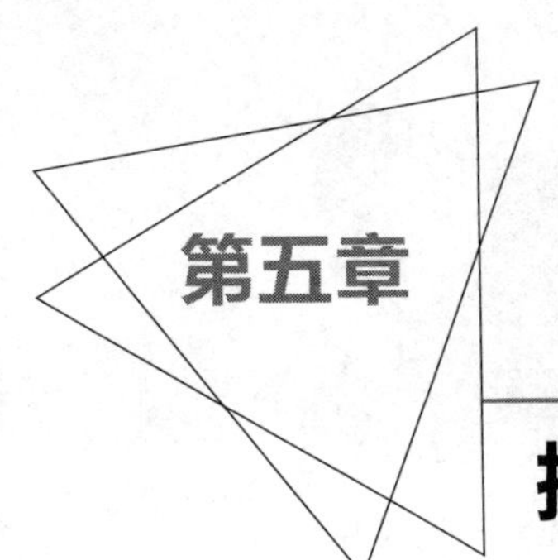

技术矛盾解决方法

【学习目标】

能力目标：

能够分析问题存在的技术矛盾，将其转化为通用工程参数，能在矛盾矩阵表中查找发明原理；

能够在发明原理提示下，分析和提出发明问题的解决方案。

知识目标：

了解 TRIZ 理论中矛盾类型；

理解技术矛盾基本概念和矛盾矩阵表应用方法；

掌握 39 个通用工程参数基本概念。

素质目标：

通过技术矛盾分析法应用训练，提升分析问题和解决问题的能力。

【案例引入】

矛盾是事物发展的动力，准确把握技术系统中存在的矛盾，是解决技术问题的关键。在 TRIZ 理论中，将技术系统中存在的矛盾分为三类：管理矛盾、技术矛盾以及物理矛盾。在矛盾问题解决过程中，一般认为，管理矛盾是不能被直接消除的，需要转化为技术矛盾或物理矛盾进行解决，技术矛盾和物理矛盾之间也可以根据需要进行相互转化。解决技术矛盾的传统方法是采取折中方案，而不能彻底消除矛盾。那么，解决技术矛盾有没有可以遵循的规律，有没有可以依据的原理和法则呢？

锤子在敲击物体时（图 5–1），由于力的相互作用，物体会反向施加给锤子作用力，锤子施加给物体的力越大，这个作用力就越大，在敲击过程中也伴随着振动，作用力和振动都会通过锤子手柄传递到手，导致手及手臂疼痛，严重时锤子会脱手砸损其他物体。TRIZ 理论如何解决这个问题呢？

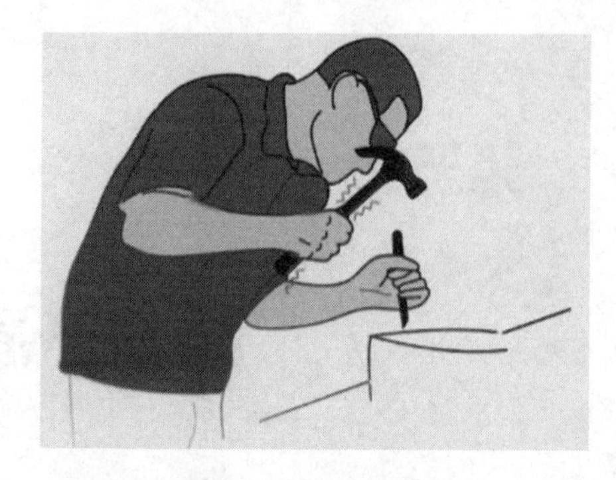

图 5–1　锤子敲击物体

【知识内容】

第一节　什么是技术矛盾

技术矛盾指当技术系统的某一个特性或参数得到改善的同时，导致另一个特性或参数发生恶化而产生的矛盾。其矛盾呈现以下特征：在某一子系统强化有用功能，引起另一个子系统产生有害功能；在某一个子系统消除有害功能，引起另一子系统有用功能的弱化；强化有用功能或减少有害功能，引起另一子系统或整个系统产生无法接受的并发症。可见产生技术矛盾的这两个参数之间是矛盾对立统一的，双方相互制约，相互依存，具有紧密的相关性。

比如，笔记本电脑的屏幕，我们希望笔记本电脑的屏幕大一点，因为这样使用起来很方便，但是又带来一个新的问题，那就是携带不方便，所以笔记本电脑的屏幕又不能太大，这就是一对矛盾。常规的增大笔记本电脑屏幕尺寸的解决方案不再适用，因为遇到了矛盾。

再比如，我们希望小轿车底盘的钢板厚一些，这样会比较安全，但是如果底盘的钢板很厚，就会增加车的重量，油耗也会相应增加，所以钢板又不能太厚，这也是一对矛盾，因为常规的增加钢板厚度的解决方案也不再适用了。

对于这种矛盾，常规的解决方案就是优化或者折中。也就是说，将笔记本电脑的屏幕做得不大不小，把底盘钢板的厚度做得不厚不薄。研发人员在实验中不

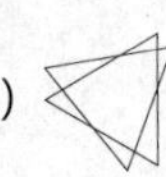

断尝试，试图找到一个最佳参数设置。而 TRIZ 理论中解决问题的工具，却是让工程师彻底抛弃折中的企图，另辟蹊径地解决矛盾。让笔记本电脑的屏幕使用起来很方便，同时又具有便携性的优势；让小轿车具备高的安全性，同时还具有低油耗的经济性。

第二节 39 个通用工程参数

如何将一个具体的问题转化并表达为一个 TRIZ 问题呢？TRIZ 理论中有一个方法，是使用通用工程参数来进行问题的表达。阿奇舒勒通过对大量专利文献的详细分析研究，总结提炼出工程领域内常用的表达系统物理、几何和技术性能的 39 个通用工程参数。利用 39 个通用工程参数就能描述工程中出现的绝大部分技术内容。在问题的定义分析过程中，选择 39 个通用工程参数中相适应的参数来表述系统的性能，将一个具体的问题用 TRIZ 的通用语言表述出来。

在应用矛盾矩阵来解决实际问题的时候，把实际工程中存在的矛盾，转化为标准的技术矛盾，即用 39 个通用工程参数表示的技术矛盾。对这 39 个通用工程参数进行配对组合，产生了大约 1300 对典型的技术矛盾。

当然，在实际问题分析过程中，为表述系统存在的问题，工程参数的选择是一个难度较大的工作。工程参数的选择不但需要拥有关于技术系统的全面专业知识，而且也要正确理解 TRIZ 的 39 个通用参数。39 个通用工程参数及其解释详见表 5-1。

表 5-1 39 个通用工程参数及其解释

序号	参数名称	解释
1	运动物体的重量	运动物体的重量指重力场中的运动物体，作用在阻止其自由下落的支撑物上的力
2	静止物体的重量	静止物体的重量指在重力场中的静止物体，作用在阻止其自由下落的支撑物上或者放置该物体的表面上的力
3	运动物体的长度	运动物体的长度指运动物体的任意线性尺寸，而不一定是自身最长的长度。它不仅可以是一个系统的两个几何点或零件之间的距离，而且可以是一条曲线的长度或一个封闭环的周长

续表

序号	参数名称	解释
4	静止物体的长度	静止物体的长度指静止物体的任意线性尺寸，而不一定是自身最长的长度。它不仅可以是一个系统的两个几何点或零件之间的距离，而且可以是一条曲线的长度或一个封闭环的周长
5	运动物体的面积	运动物体的面积指运动物体被线条封闭的一部分或者表面的几何度量，或者运动物体内部或者外部表面的几何度量。面积是以填充平面图形的正方形个数来度量的，如面积不仅可以是平面轮廓的面积，也可以是三维表面的面积，或一个三维物体所有平面、凸面或凹面的面积之和
6	静止物体的面积	静止物体的面积指静止物体被线条封闭的一部分或者表面的几何度量，或者静止物体内部或者外部表面的几何度量。面积是以填充平面图形的正方形个数来度量的，如面积不仅可以是平面轮廓的面积，也可以是三维表面的面积，或一个三维物体所有平面、凸面或凹面的面积之和
7	运动物体的体积	运动物体的体积以填充运动物体或者运动物体占用的单位立方体个数来度量。体积不仅可以是三维物体的体积，也可以是与表面结合、具有给定厚度的一个层的体积
8	静止物体的体积	静止物体的体积以填充静止物体或者静止物体占用的单位立方体个数来度量。体积不仅可以是三维物体的体积，也可以是与表面结合、具有给定厚度的一个层的体积
9	速度	速度指物体的速度或者效率，或者过程、作用与完成过程、作用的时间之比
10	力	力指物体间相互作用的度量。在经典力学中，力是质量与加速度之积。在 TRIZ 中，力是试图改变物体状态的任何作用
11	应力或压强	应力或压强指单位面积上的作用力，也包括张力。例如，房屋作用于地面上的力，液体作用于容器壁上的力，气体作用于汽缸 - 活塞上的力。压强也可以来表示无压强（真空）
12	形状	形状指一个物体的轮廓或外观。形状的变化可能表示物体的方向性变化，或者表示物体在平面和空间两种情况下的形变
13	对象的稳定性	对象的稳定性指物体的组成和性质（包括物理状态）不随时间改变而变化的性质。它表示了物体的完整性或者组成元素之间的关系。磨损、化学分解及拆卸都代表稳定性的降低，而增加物体的熵，则是增加物体的稳定性

续表

序号	参数名称	解释
14	强度	强度指物体受到外力作用时，抵制使其发生变化的能力；或者在外部影响下的抵抗破坏（分裂）和不发生形变的性质
15	运动物体作用时间	运动物体的作用时间指运动物体具备其性能或者完成作用的时间、服务时间及耐久时间等。两次故障之间的平均时间，也是作用时间的一种度量
16	静止物体作用时间	静止物体作用时间指静止物体具备其性能或者完成作用的时间、服务时间及耐久时间等。两次故障之间的平均时间，也是作用时间的一种度量
17	温度	温度表示物体所处的热状态，反映在宏观上系统热动力平衡的状态特征，也包括其他的热学参数，比如影响到温度变化速率的热容量
18	光照度	光照度指照射到物体某一表面上的光通量与该表面面积的比值，也可以理解为物体的适当亮度、反光性和色彩等
19	运动物体的能量消耗	运动物体的能量消耗指运动物体完成指定功能所需的能量，其中也包括超系统提供的能量
20	静止物体的能量消耗	静止物体的能量消耗指静止物体完成指定功能所需的能量，其中也包括超系统提供的能量
21	功率	单位时间内所做的功、完成的工作量或者消耗的能量
22	能量损失	能量损失指做无用功消耗的能量。为了减少能量损失，有时需要应用不同的技术手段来提高能量利用率
23	物质损失	物质损失指物体在材料、物质、部件或子系统上，部分或全部、永久或临时的损失
24	信息损失	信息损失指系统数据或者系统获取数据部分或全部、永久或临时的损失，通常也包括气味、材质等感性数据
25	时间损失	指一项活动持续时间、改进时间的损失，一般指减少活动内容时所浪费的时间
26	物质的量	物质的量指物体（或系统）的材料、物质、部件或者子系统的数量，它们一般能被全部或部分、永久或临时的改变
27	可靠性	可靠性指物体（或系统）在规定的方法和状态下，完成指定功能的能力。可靠性常常可以被理解为无故障操作概率或无故障运行时间

续表

序号	参数名称	解释
28	测量精度	测量精度指系统特征的实测值与实际值之间的误差。减少误差将提高测量精度
29	制造精度	制造精度指所制造的产品在性能特征上，与技术规范和标准所预定内容的一致性程度
30	作用于对象的有害因素	作用于对象的有害因素指环境或系统对于物体的（有害）作用，它使物体的功能参数退化
31	对象产生的有害因素	对象产生的有害因素指使物体或系统的功能、效率或质量降低的有害作用，这些有害作用一般来自物体自身或者与其操作过程有关的系统
32	可制造性	可制造性指物体或系统制造过程中简单、方便的程度
33	操作流程的方便性	操作流程的方便性指在操作过程中，如果需要的人数越少，操作步骤越少，以及所需的工具越少，同时又有较高的产出，则代表方便性越高
34	可维修性	可维修性是一种质量特性，包括方便、舒适、简单、维修时间短等
35	适应性、通用性	适应性、通用性指物体或系统积极响应外部变化的能力；或者在各种外部影响下，具备以多种方式发挥功能的可能性
36	系统的复杂性	系统的复杂性指系统元素及其相互关系的数目和多样性。如果用户也是系统的一部分，将会增加系统的复杂性。人们掌握该系统的难易程度是其复杂性的一个度量
37	控制和测量的复杂度	控制或者测量一个复杂系统需要高成本、较长时间和较多人力去完成。如果系统部件之间关系太复杂，也使得系统的控制和测量困难。为了降低测量误差而导致成本提高，也是一种复杂度增加的度量
38	自动化程度	自动化程度指物体或系统，在无人操作的情况下，实现其功能的能力。自动化程度的最低级别，是完全的手工操作方式。中等级别，则需要人工编程，可以根据需要调整程序，人工来监控全部操作过程。最高级别的自动化，是指机器自动判断所需操作任务、自动编程和自动对操作监控等
39	生产率	生产率指在单位的时间内，系统执行的功能或者操作的数量，或者完成某一功能或操作所需时间，以及单位时间的输出，或者单位输出的成本等

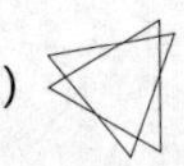

通用工程参数中经常用到运动物体与静止物体两个术语。

运动物体指受到自身或外力作用后，可以改变所处空间位置的物体。

静止物体指受到自身或外力作用后，并不改变所处空间位置的物体。

在这里，物体可以被理解为一个系统。判断一个物体是运动物体还是静止物体，要根据该物体当时所处的状态来决定。

为了应用方便和便于理解，可以对 39 个通用工程参数进行分类。依据不同的方法可有不同的分类。

（1）根据 39 个通用工程参数的特点　可分为通用物理及几何参数、通用技术负向参数、通用技术正向参数 3 大类。

① 通用物理及几何参数（共 15 个）：运动物体的重量、静止物体的重量、运动物体的长度、静止物体的长度、运动物体的面积、静止物体的面积、运动物体的体积、静止物体的体积、速度、力、应力或压强、形状、温度、光照度、功率。

② 通用技术负向参数（共 11 个）：指这些参数变大或提高时，使系统或子系统的性能变差，包括运动物体作用时间、静止物体作用时间、运动物体的能量消耗、静止物体的能量消耗、能量损失、物质损失、信息损失、时间损失、物质的量、作用于对象的有害因素、对象产生的有害因素。

③ 通用技术正向参数（共 13 个）：指这些参数变大或提高时，使系统或子系统的性能变好，包括对象的稳定性，强度，可靠性，测量精度，制造精度，可制造性，操作流程的方便性，可维修性，适应性、通用性，系统的复杂性，控制和测量的复杂度，自动化程度，生产率。

（2）根据系统改进时工程参数的变化　可分为改善的参数、恶化的参数两大类。

① 改善的参数：系统改进中将提升和加强的特性所对应的工程参数。

② 恶化的参数：根据矛盾论，在某个工程参数获得提升的同时，必然会导致其他一个或多个工程参数变差了，这些变差的工程参数称为恶化的参数。

改善的参数与恶化的参数就构成了技术系统内部的矛盾，TRIZ 理论就是克服这些矛盾，从而推进系统向理想化进化的。

第三节　阿奇舒勒矛盾矩阵

阿奇舒勒和他的弟子们在分析了数以万计的专利后发现：虽然每个专利所解决的问题是不一样的，但是，在解决这些问题的时候，所使用的发明原理是基本类似的，也就是说，尽管在不同领域的解决方案千差万别，但是，所使用的发明原理是基本类似的，就是这些少数的发明原理，被一次又一次重复的使用。

由于这些发明原理是从大量的发明中提取出来的，具有普遍代表性，所以，如果我们掌握了这些原理，同样可以利用它们来解决我们自己所在行业或领域遇到的实际问题。如何有效地利用这些发明原理呢？如果我们遇到一个问题就去一条一条地查询这些发明原理，效率是比较低的，所以需要开发一些工具，来有效地利用这些发明原理。这个工具就是著名的阿奇舒勒矛盾矩阵。

阿奇舒勒矛盾矩阵是一个 39 行 ×39 列的矛盾矩阵：每行、每列的表头包含 39 个通用工程参数中的一个参数。竖列中的参数为改善的参数，而横行中的参数为恶化的参数。这里所指的改善和恶化是相对而言的，与我们的期望一致的就是改善，与我们的期望相反的就是恶化。技术矛盾是由包含改善的参数行与包含恶化的参数列的交叉单元来表示的。观察阿奇舒勒矛盾矩阵我们不难发现，在每一个矩阵单元中都有几个数字，这些数字就是 40 个发明原理的编号。需要指出的是，该表格是通过对大量专利进行统计、分析后提取出来的，由于在其他领域里面也存在类似的矛盾，所以，既然这些发明原理能够解决他们的矛盾，多半也能解决我们所遇到的矛盾。

阿奇舒勒矛盾矩阵使我们可以根据系统中产生矛盾的 2 个工程参数，从矛盾矩阵表中直接查找化解该矛盾的发明原理，并使用这些原理来解决问题。阿奇舒勒矛盾矩阵表详见本书的附录。

45° 对角线的方格，是同一名称工程参数所对应的方格（带“+”的方格），表示产生的矛盾不是技术矛盾，而是物理矛盾。

下面我们举例说明如何使用阿奇舒勒矛盾矩阵。

例如：为了改善某技术系统的“强度”条件，导致了“速度”的降低。我

们可以利用矛盾矩阵来解决这一对技术矛盾。具体的步骤是：在矛盾矩阵表中沿“改善的参数”找到“强度”这个参数，然后沿“恶化的参数”方向，找出“速度”这个参数；强度所在的行与速度所在的列的交叉处，对应到矛盾矩阵表中的方格，方格中有几个数字，即 8、13、26、14；这些数字就是建议解决此对技术矛盾的发明原理的编号。也就是说，第 8 条的重量补偿原理、第 13 条的反向作用原理、第 26 条的复制原理、第 14 条的曲面化原理，通常可以用来解决强度与速度之间的技术矛盾。

第四节 运用技术矛盾分析法解决具体问题的步骤及案例

运用矛盾矩阵解决具体问题的一般步骤如下。

① 描述要解决的工程问题。这里的工程问题是指经过功能分析后所得到的关键问题，而不是我们所遇到的初始问题。

② 将这个工程问题转化为技术矛盾。用“如果……那么……但是……”的形式阐述技术矛盾。如果一个改善的参数导致不止一个参数的恶化，则应该对每一对改善和恶化的参数进行多种技术矛盾的阐述。为了检验技术矛盾定义是否正确，通常将正反两个技术矛盾都写出来，进行对比。

③ 选择两个技术矛盾中的一个矛盾，一般来说选择与项目目标一致的那个矛盾。

④ 确定技术矛盾中改善和恶化的参数。

⑤ 将改善和恶化的参数转化为通用工程参数。

⑥ 在阿奇舒勒矛盾矩阵中，定位改善的和恶化的参数交叉的单元，确定发明原理。

⑦ 应用发明原理的提示，选择最适合解决技术矛盾的具体解决方案。

可以运用表 5-2 所示步骤，一步一步实施解决技术矛盾。

表 5-2　解决技术矛盾的步骤

步骤	存在的矛盾	矛盾分析及解决步骤
一	问题	描述需要解决的关键问题
二	技术矛盾	技术矛盾 1：如果……那么……，但是…… 技术矛盾 2：如果……，那么……，但是……
三	矛盾选择	技术矛盾 X
四	有矛盾的参数	改善的参数为……恶化的参数为……
五	典型矛盾	改善的参数；恶化的参数
六	发明原理	原理 X；原理 Y……
七	具体的解决方案	方案描述

【案例分析】

普通锤子在敲击坚硬的物体时，作用力会反弹回锤子，通过手柄将振动传递到手，导致我们的手及手臂疼痛，甚至还会发生锤子脱手现象。

让我们分析这一问题，确定存在的矛盾，然后解决这一问题。

减振锤创新设计

第一步：问题是什么？需要冲击力敲击坚硬的物体。

第二步：现有解决方案是什么？使用锤子敲击坚硬的物体。

第三步：现有解决方案的缺点是什么？由于锤子在敲击物体时产生反弹力，导致振手甚至锤子脱手。

第四步：要想敲击物体的效果好，就需要增大冲击力，但是冲击力的增大会增大锤子的反弹力，对人造成的伤害也就越大，所以存在改善的参数（力）和恶化的参数（对象产生的有害因素）的矛盾。

第五步：查找矛盾矩阵。根据改善的参数（力）和恶化的参数（对象产生的有害因素）从矛盾矩阵表里查找到有可能被应用的发明原理相对应的编号，即13、3、36和24。

发明原理3是“局部质量”；发明原理13是“反向作用”；发明原理24是“借助中介物”；发明原理36是“相变”。

第六步：遴选发明原理。根据分析，发明原理36“相变”和发明原理13“反向作用”对改良减振锤的设计意义不大，发明原理3“局部质量”和发明原理24“借助中介物”对减振锤的设计有帮助，现加以分析和利用，进行减振锤设计。

第七步：设计具体方案。

根据发明原理 3，将物体均匀结构变为不均匀结构，即将锤头中部挖空，再根据发明原理 24，使用中介物实现所需动作，在锤头中空处放置钢球（中介物）。当所设计的减振锤向下敲击物体时，钢球滞后于锤头的动作，当锤头反弹时，钢球运动方向没有同步改变，而是一直沿原方向运动，直至与反向运动的锤头中空内壁发生碰触，消除部分反弹作用力，阻碍锤子的反向运动，从而减轻锤子对手的振动，提高舒适度。

为了解决锤子脱手问题，同样根据发明原理 24，在锤柄上包覆用橡胶材料制作的护套（中介物），手握处设有相互交错的滑槽，通过这些滑槽可防止使用者的手在使用过程中打滑。减振锤局部剖视图如图 5-2 所示。

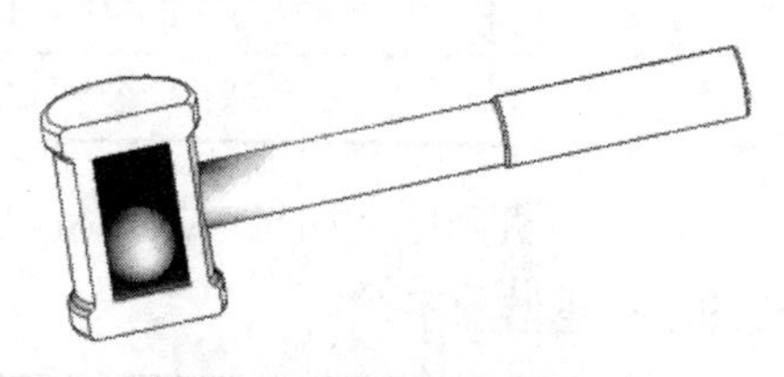

图 5-2 减振锤局部剖视图

【本章小结】

解决技术矛盾的一般解题模式如图 5-3 所示。首先将一个用通俗语言描述的待解决的具体问题，转化为 39 个通用工程参数描述的技术矛盾；然后，利用解题工具矛盾矩阵，找到针对问题的发明原理；依据这些推荐发明原理的启发，经过演绎与具体化，探讨每个原理在具体问题上如何应用和实现，最终找到解决具体实际问题的一些可行方案。如果所查到的发明原理不能很好地解决具体的问题，可重新定义工程参数和矛盾，再次应用和查找矛盾矩阵，直到筛选出最理想的解决方案。

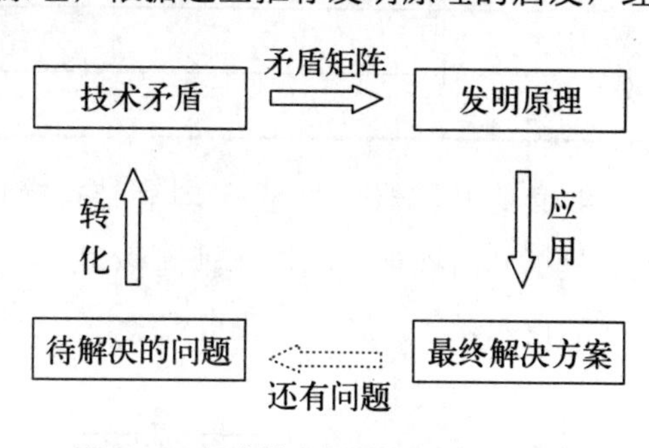

图 5-3 解决技术矛盾的一般解题模式

思考题

1. 什么是技术矛盾？它有什么特点？试列举生活中你所遇到的几个技术矛盾的实例。

2. 试通过找出解决“强度与速度”之间的技术矛盾，练习矛盾矩阵表的使用方法。

3. 根据提示填空。

关联词	技术矛盾 1	技术矛盾 2
如果	常规的工程解决方案（A）	常规的工程解决方案（–A）
那么	改善的参数（B）	改善的参数（C）
但是	恶化的参数（C）	恶化的参数（B）

（1）飞机升空　如果增加飞机机翼的尺寸，那么会提高飞机的升力，但是飞机的重量也增加了。

关联词	技术矛盾 1	技术矛盾 2
如果		
那么		
但是		

（2）杏仁破壳　生活中多用锤砸或机械方式来压碎杏仁壳，虽然有好的制造性能，但要获得的产品形状不好，稀稀烂烂的杏仁吃起来让人不舒服。

关联词	技术矛盾 1	技术矛盾 2
如果		
那么		
但是		

4. 套筒联轴器（图 5-4）具有结构简单、制造容易、径向尺寸小等优点，但缺点是拆卸时被连接轴需作轴向移动，维修不便，从而限制了其应用。试分析其存在的技术矛盾，并提出改进方案。

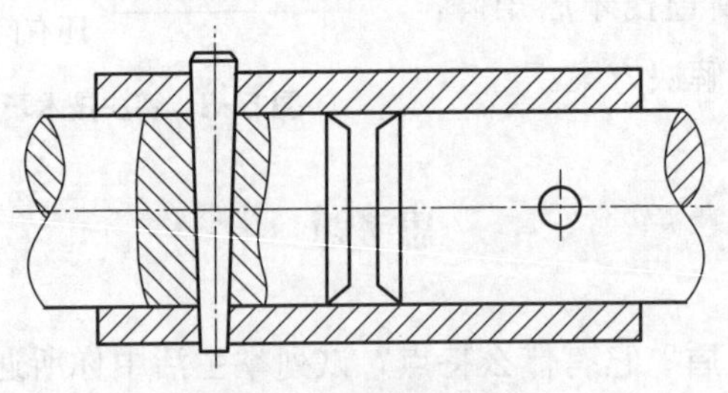

图 5-4　套筒联轴器

第六章 物理矛盾解决方法

【学习目标】

能力目标：

能够分析技术系统存在的物理矛盾，判定时间 / 空间是否有交叉，并能选用合适分离原理解决物理矛盾问题。

知识目标：

理解物理矛盾的概念；

掌握四个分离原理定义和应用条件。

素质目标：

将物理矛盾分析法运用到训练中，提高分析问题和解决问题能力，锻炼逻辑思维和创新思维。

【案例引入】

如图6-1所示，弓形夹具有结构简单、制造容易、成本低等优点，应用于夹持工件等场合，起到夹紧、固定等作用，但缺点是标准弓形夹采用螺旋传动原理夹持工件，在未夹紧工件时，轴向进给缓慢，效率低下，限制了其应用。那么，采用TRIZ理论如何解决弓形夹效率的问题呢？

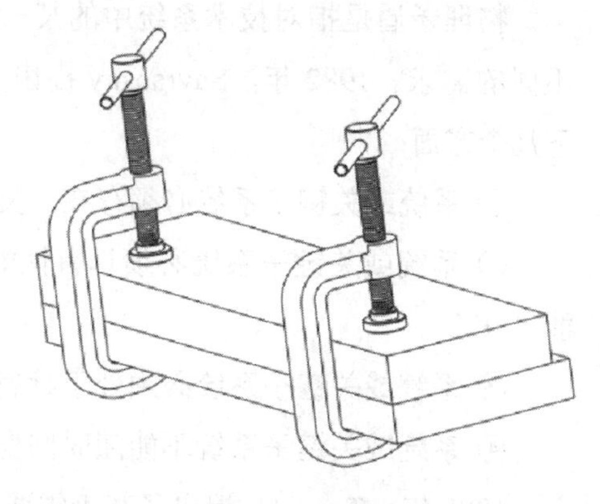

图6-1 弓形夹

【知识内容】

第一节 什么是物理矛盾

通过观察阿奇舒勒矛盾矩阵可以发现，从左上到右下 45° 斜线方向上存在几个以“+”填充，并且未推荐发明原理的方格，这些方格对应的正反两个参数是同一个参数，说明这些参数与其自身产生了矛盾。

在生产、生活中，这样的矛盾比比皆是，例如：

① 笔记本电脑尺寸应该较小，以方便携带，但是太小的显示器又会影响使用；

② 牙刷的刷毛应该硬，以刷掉牙垢，但是太硬的刷毛又会损伤牙龈；

③ 汽车的车架与车桥间需要安装弹性元件以减少冲击力，但是安装后又会使车架产生振动；

④ 机床中使用的刀具应该硬度高，以便切削工件，但是硬度太高又会降低强度和韧性。

⑤ 皮带输送机的皮带既要厚度大、强度高，又要厚度较小、弯曲应力小。

从这些例子可以看出，这些系统中都存在对同一个参数提出相互排斥需求的物理状态。阿奇舒勒将这种问题称为物理矛盾。

物理矛盾是指对技术系统中的某一组件（元件）的参数（属性）提出了截然不同的需求。1982 年，Savransky 提出了物理矛盾在技术系统中的体现主要为以下几个方面：

① 系统或关键子系统必须存在，又不能存在；

② 系统或关键子系统必须具有性能“F”，同时又必须具有与“F”相反的性能“–F”；

③ 系统或关键子系统必须处于状态“S”及与其相反的状态“–S”；

④ 系统或关键子系统不能随时间变化，又要随时间变化。

1988 年，Teminko 提出了基于需要的或有害效应的物理矛盾描述方法。

① 实现关键功能，子系统要具有一定的有用功能，但为了避免出现有害功能，子系统又不能具有上述能力。

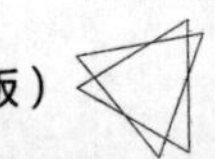

② 关键子系统的特性必须有一个大值以取得有用功能，但又必须是一个小值以避免出现有害功能。

③ 子系统必须出现以取得某一有用功能，但又不能出现以避免产生有害功能。

根据物理学中常用的参数，物理矛盾又可以从几何、材料及能量、功能三个具体的角度进行表述，如表 6-1 所示。

表 6-1　常见物理矛盾

类别	物理矛盾							
几何类	长与短	对称与非对称	平行与交叉	厚与薄	圆与非圆	锋利与钝	窄与宽	水平与垂直
材料及能量类	多与少	密度大与小	热导率高与低	温度高与低	时间长与短	黏度高与低	功率大与小	摩擦系数大与小
功能类	喷射与堵塞	推与拉	冷与热	快与慢	运动与静止	强与弱	软与硬	成本高与低

准确地寻找与定义物理矛盾是解决所出现问题的基础，描述和定义物理矛盾的一般步骤如表 6-2 所示。本章以对汽车减振器阻尼提出截然相反的要求为例来加以说明，这个矛盾在表 6-1 中可以归为黏度高与低的矛盾。

表 6-2　定义物理矛盾的步骤

步骤	举例
（1）元素或其组成部分（指定技术系统的元素）	汽车减振器
（2）必须（是、有）（指定要求的作用、物理状态、性质或参数值）	必须有大阻尼
（3）满足（指定某一项需求，例如：X）	应很快地消除振动
（4）与 / 但是	但是
（5）元素或其组成部分（同第一步）	汽车减振器
（6）必须（是、有）（指定与第二步相反的作用、物理状态、性质或参数值）	必须有小阻尼
（7）满足（指定另一需求，例如：Y）	避免冲击损坏零件和车架

第二节　分离原理及其应用

相对于技术矛盾，物理矛盾是一种更尖锐、更本质的矛盾，是对立统一的关系，矛盾双方存在于同一客体中，不可避免地产生冲突。因此，要解决物理矛盾，就是要打破这种关系，通过将矛盾双方分离，破坏其统一关系，使其不再存在于同一客体中，矛盾双方也就不存在对立关系了，此时，物理矛盾就得到了解决。

最初按时间和空间分离的原理由苏联 TRIZ 大师 BORis Goldovskiy 在 20 世纪 60 年代末 70 年代初提出，TRIZ 的创始人阿奇舒勒将其进行了扩展，形成了四大分离原理，即空间分离原理、时间分离原理、条件分离原理和系统级别分离原理。

一、空间分离原理

所谓空间分离，是将矛盾双方在不同的空间上分离开来，以获得问题的解决或降低问题解决的难度。

使用空间分离前，先确定矛盾的需求在整个空间中是否都在沿着某个方向变化，如果在空间的某一处，矛盾的一方可以不按一个方向变化，则可以使用空间分离原理来解决问题。也就是说，当系统或关键子系统矛盾双方在某一个空间上只出现一方时，就可以进行空间分离。因此利用空间分离原理解决物理矛盾的步骤如下。

第一步：定义物理矛盾。找到存在矛盾的参数，以及对该参数的要求。

第二步：定义空间。如果想实现技术系统的理想状态，上面参数的不同要求应该在什么空间得以实现？

第三步：判断第二步中寻找到的两个空间是否存在交叉。如果不存在交叉，则可以使用空间分离原理；如果存在交叉，则需要尝试其他分离方法。

【案例分析】 **钩心斗角。**

钩心斗角这个成语原指宫室建筑结构的交错和精巧。

第一步：定义物理矛盾。图 6-2 为孔庙中的某处建筑结构，左面的建筑与整

个院落是早期的建筑，在建造右面的建筑时，发现空间不够了。因此就产生了物理矛盾：既要建设美观的建筑，又因为空间不够不能建设。

图 6-2　孔庙中的某处建筑结构

第二步：定义空间。左侧建筑已经存在，不能改变，留下的建筑空间不会改变；而右侧建筑要保证美观，也需要一定的空间，新建筑和旧建筑存在一定的空间问题。

第三步：确定解决方案。利用空间分离原理，采用图 6-2 所示钩心斗角的建筑形式，使两个建筑物在不同的空间上分离开来，避免了相互干涉，保证了美观。

二、时间分离原理

所谓时间分离，是将矛盾双方在不同的时间段分离开来，以获得问题的解决或降低问题的解决难度。

利用时间分离原理解决物理矛盾的步骤如下。

第一步：定义物理矛盾。找到存在矛盾的参数，以及对该参数的要求。

第二步：定义时间。如果想实现技术系统的理想状态，上面参数的不同要求应该在什么时间得以实现？

第三步：判断第二步中寻找到的两个时间段是否存在交叉。如果不存在交叉，则可以使用时间分离原理；如果存在交叉，则需要尝试其他分离方法。

【案例分析】航空母舰上飞机停放。

航空母舰上的飞机在不工作时，每架飞机占用空间将很大，在航空母舰上有限的停放位置里，只能停放较少的飞机，所以要求占用空间要小；而飞机必须有足够大的机翼才能使飞机飞行，应该具有足够大的空间，这样构成了物理矛盾。

第一步：定义矛盾。飞机在飞行时，需要足够大的机翼，而在停放时，要求占用空间小，这就构成了一对物理矛盾。

第二步：定义空间。飞机在飞行时要足够大，在停放时要很小。

第三步：确定解决方案。根据第二步可知，飞机在不同时间段，其要求是不一样的，在时间上没有交叉可利用时间分离原理解决，所以，改变机翼形状，采用折叠式。在飞机停放时，使机翼竖起，减少占用空间，在飞行时，使机翼展开，获得足够大的机翼，满足飞行，如图 6-3 所示。

图 6-3　飞机机翼折叠与展开

三、条件分离原理

所谓条件分离原理，是将矛盾双方在不同的条件下分离开来，以获得问题的解决或降低问题的解决难度。

利用条件分离原理解决物理矛盾的步骤如下。

第一步：定义物理矛盾。找到存在矛盾的参数，以及对该参数的要求。

第二步：定义时间 / 空间。如果想实现技术系统的理想状态，上面参数的不同要求应该在什么时间 / 空间得以实现？

第三步：判断第二步中寻找到的两个时间 / 空间是否存在交叉。如果存在交叉，则需要尝试其他分离方法，其中，如果针对参数的不同要求可按照某种条件实现分离和切换，则尝试使用条件分离原理。

【案例分析】 汽车安全带。

为了保证汽车碰撞时乘员的安全，必须使用安全带将乘员牢固地固定在座椅上，但是在平时，乘员又希望能够在座椅上灵活活动。这样物理矛盾就产生了。

第一步：定义物理矛盾。在碰撞时，需要安全带将乘员牢固地固定在座椅上，而在开车时，又要保证乘员在座椅上能灵活活动，这样既要紧又要松的要求，构成了一对物理矛盾。

第二步：定义空间。汽车在正常行驶时，乘员不受安全带的束缚，能够自由活动，有舒适感，不受安全带的影响；当发生碰撞时，安全带要能够束缚人的移动，保证乘员安全。

第三步：解决方案。根据在不同条件下对安全带的要求，可利用条件分离原理，设计出紧急锁止式收卷器，使得在正常情况下安全带对人体上部不起约束作用，当乘员向前弯腰时，安全带可以从收卷器中拉出，但是在汽车减速超过预定值或车身严重倾斜时，收卷器会将安全带卡住而对乘员产生有效的约束。

【案例分析】 **记忆合金管道连接器**

两个管道连接时，希望两个管道直径相差得大些，以方便安装，但是从密封性的角度出发，又希望两个管道直径能满足过盈。这样物理矛盾就产生了。

第一步：定义矛盾。两管道安装时，希望直径差大，便于安装，而安装后希望两管道过盈配合，这就构成了一对物理矛盾。

第二步：安装时，两管道直径相差越大，间隙也就越大，越容易安装；安装后管道要流经液体或气体等介质，需要有很好的密封性，所以在安装后，希望两管道安装处不存在间隙，且有一定的过盈量。

第三步：解决方案。根据安装和使用条件，可用条件分离原理解决物理矛盾，利用形状记忆合金做成管接头，在低温下使接头尺寸变小，方便安装，在常温下，接头恢复原状保证密封性。

四、系统级别分离原理

所谓系统级别分离原理，也称部分和整体分离原理，是将同一参数的不同要求，在不同的系统级别上实现，即矛盾双方在不同层次分离，以获得问题的解决或降低问题的解决难度。

当矛盾双方在系统、子系统、超系统的层次只出现一方，而该方在其他层次不出现时，则可以进行系统级别分离。因此，利用系统级别分离原理解决物理矛盾的步骤如下。

第一步：定义物理矛盾。找到存在矛盾的参数，以及对该参数的要求。

第二步：定义时间/空间。如果想实现技术系统的理想状态，上面参数的不同要求应该在什么时间/空间得以实现？

第三步：判断第二步中寻找到的两个时间/空间是否存在交叉。如果存在交叉，则需要尝试其他分离方法，其中，如果对参数的不同要求可按照不同的系统级别（如系统+子系统、系统+超系统）实现分离，则尝试使用系统级别分离原理。

【案例分析】**电子锁**

目前锁的发展趋势是采用电子锁。人们希望将所用的电源、控制电路、电气执行元件都装入锁芯中，以适应不同结构的锁的要求，但是这些元件加起来体积太大，不能放入很小的锁芯中。这样物理矛盾就产生了。

第一步：定义矛盾。一是采用电子锁安全方便，二是电子锁芯元件过大无法安装在锁芯上，这就导致了一对物理矛盾的出现。

第二步：定义空间。电子锁在使用时，可通过密码、指纹等开锁，不需要钥匙开门，安全可靠、使用便捷，但电子锁电气元器件较大，安在传统锁芯上不太现实。

第三步：解决方案。可用系统级别分离原理解决物理矛盾，利用由锁和门框组成的超系统解决这个矛盾，将控制电路和执行元件放在锁芯中，而将相对较大的电源放在门框中。

第三节　物理矛盾与技术矛盾的转化

物理矛盾和技术矛盾都是TRIZ理论中问题的模型，二者是有相互联系的，物理矛盾可以转化成为技术矛盾，同样，技术矛盾也可以转化成为物理矛盾。其

实在“如果A，那么B，但是C”的技术矛盾的描述中，就隐含了技术矛盾和物理矛盾的转化。B和C是一对技术矛盾，而A与–A就是物理矛盾中同一参数的相反需求。

对比物理矛盾和技术矛盾的定义，物理矛盾和技术矛盾是有区别的。技术矛盾定义中技术系统的两个参数之间存在着相互制约；物理矛盾定义中技术系统的其中一个参数无法满足系统内相互排斥的需求。在很多时候，技术矛盾是显而易见的矛盾，而物理矛盾是隐藏更深、更尖锐的矛盾，是本质矛盾或内在矛盾。但是，无论是物理矛盾，还是技术矛盾，它们都反映的是技术系统的参数属性，因此，它们之间又是相互联系的，技术矛盾和物理矛盾有时可以相互转化。

以手机屏幕为例，我们可以用技术矛盾描述为：如果手机屏幕大，那么能更清楚地看清屏幕里的内容，但是携带不方便；如果手机屏幕小，则携带方便，但看不清楚屏幕里的内容。

相应的描述成为物理矛盾就是：手机屏幕需要大一点，因为要看得清楚；但是手机屏幕需要小一些，因为要携带方便。

相对于技术矛盾而言，物理矛盾的描述更加准确，更能反映真正的问题所在，也正是因为这个原因，用物理矛盾得到的解决方案更加富有成效。

第四节　分离原理与发明原理的对应关系

与利用发明原理解决技术矛盾的模式类似，利用分离原理解决物理矛盾的模式如图6-4所示。

应用时，首先通过物理矛盾定义步骤，准确地描述出物理矛盾，然后根据前文提到的4大分离原理使用步骤，找到恰当的发明原理来解决。

在解决实际问题的过程中，有时技术矛盾与物理矛盾是可以相互转化的，通过研究总结发现，每条分离原理都与一些发明原理之间存在着一定的关系，利用这些发明原理可以为解决物理矛盾提供更广阔

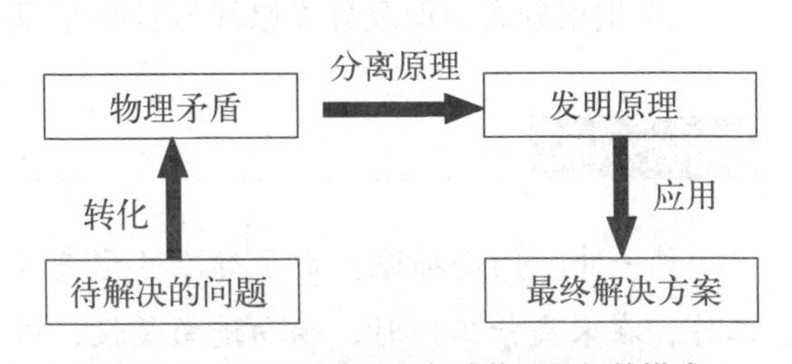

图6-4　利用分离原理解决物理矛盾的模式

的思路，从而更好、更快捷地获得问题的解决方案。因此，在解决物理矛盾时，分离原理都可以和 40 个发明原理综合使用。分离原理和 40 个发明原理的对应关系见表 6-3。

表 6-3 分离原理和 40 个发明原理的对应关系

分离原理	对应的发明原理
空间分离原理	1. 分割原理；2. 抽取原理；3. 局部质量原理；4. 增加不对称性原理；7. 嵌套原理；13. 反向作用原理；17. 空间维数变化原理；24：借助中介物原理；26. 复制原理；30. 柔性壳体或薄膜原理
时间分离原理	9. 预先反作用原理；10. 预先作用原理；11. 事先防范原理；15. 动态特性原理；16. 未达到或过度作用原理；18. 机械振动原理；19. 周期性作用原理；20. 有效作用的连续性原理；21. 减少有害作用的时间原理；29. 气压和液压结构原理；34. 抛弃或再生原理；37. 热膨胀原理
条件分离原理	1. 分割原理；5. 组合原理；6. 多用性原理；7. 嵌套原理；8. 重量补偿原理；13. 反向作用原理；14. 曲面化原理；22. 变害为利原理；23. 反馈原理；25. 自服务原理；27. 廉价代替品原理；33. 均质性原理；35. 改变物理或化学参数原理
系统级别分离原理	12. 等势原理；28. 机械系统替代原理；31. 多孔材料原理；32. 改变颜色原理；35. 改变物理或化学参数原理；36. 相变原理；38. 强氧化剂原理；39. 惰性环境原理；40. 复合材料原理。

第五节 运用分离原理解决具体问题的步骤

运用分离原理解决具体问题的一般步骤如下。

① 描述要解决的工程问题。

② 分析工程问题，找出工程问题存在的物理矛盾。

③ 根据物理矛盾，选择合适的分离原理。

④ 根据分离原理及分离原理与发明原理的关系，确定解决方案。

【案例分析】

弓形夹改进设计

第一步：问题描述。由于标准弓形夹采用螺旋传动原理夹持工件，在未夹紧工件时，轴向进给缓慢，效率低下；而在螺杆头部接触工件后需要缓慢施加压力，避免损坏工件。所以希望在旋

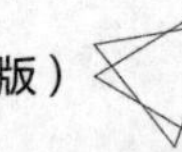

紧过程中，旋紧速度要快，而当接触工件时要慢，所以对螺杆进给速度存在既要快，又要慢的要求。

第二步：定义矛盾。这种对螺杆进给速度既要快，又要慢的要求，是一对物理矛盾。

第三步：选择分离原理。螺杆在没有接触工件前，希望旋紧速度快；在接触工件后，希望旋紧速度慢，这是在不同时间段对夹紧工件的要求，先快后慢，所以采用时间分离原理较为合适。

第四步：确定方案。如图 6-5 所示，设计的快进弓形夹主要由弓形夹主体、滑块、螺杆等组成。工件放在弓形夹上后，滑块沿燕尾槽向下滑动，直至螺杆接触工件，然后旋紧螺杆，螺杆对工件施加压力。由于采用斜滑块，在螺杆夹紧工件时，工件对螺杆和滑块施加反作用力，但由于采用斜滑块结构，在弓形夹斜面约束作用下，滑块不会回滑，具备单向自锁功能，保证弓形夹夹紧功能的实现。

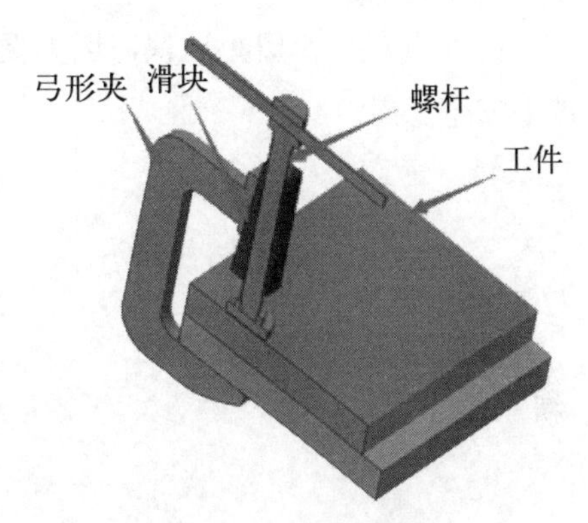

图 6-5　快进弓形夹

【本章小结】

本章介绍了 TRIZ 理论中的物理矛盾模型，如何将关键问题转化为物理矛盾的方法，以及解决物理矛盾的方法和步骤；介绍了分离原理和 40 条发明原理的对应关系，以及利用分离原理解决问题的模式。

思考题

1. 物理矛盾的定义是什么？
2. 物理矛盾与技术矛盾有什么联系？
3. 列举几个物理矛盾，并给出解决办法。
4. 根据物理矛盾表述形式，做填空练习。

参数 A，需要 B，因为 C；

但是；

参数 A，需要 –B，因为 D。

（1）手机：显示屏需要大，因为便于操作和查看；但是，显示屏需要小，因为方便携带。

（2）水管：水管要刚性好，以免因为水的重量而变形；但水管要软，以免在冬天被冻裂。

（3）汽车：希望车速快，因为要尽快到达目的地；但是车速又要慢，因为会带来安全隐患。

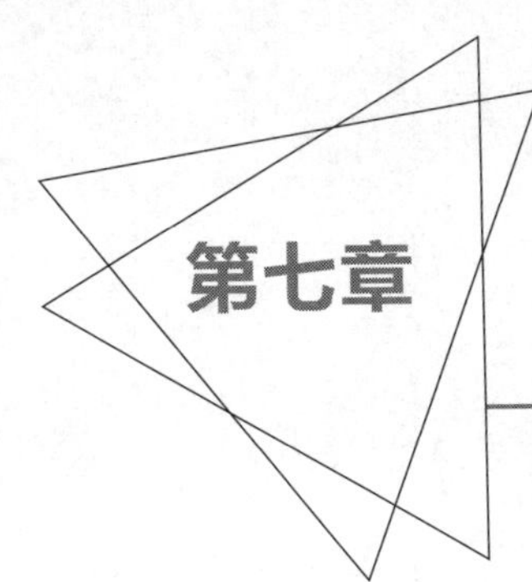

第七章 物–场模型分析方法

【学习目标】

能力目标：

基于问题，能够准确找出 3 个基本元素，分析判断物 – 场模型类型，并能采用合适的一般解法提出物 – 场模型解决方案。

知识目标：

了解物 – 场模型概念，掌握物 – 场模型类型和 6 种一般解法。

素质目标：

通过物场模型构建和一般方法应用训练，提高学生判断思辨能力和创新能力。

【案例引入】

在第五章里用技术矛盾分析法分析和解决了锤子在敲击物体时产生反弹、振动等问题（见图 5–1），在本章将用物 – 场模型分析法分析和定义锤子敲击物体的物 – 场模型类型，采用恰当的一般解法给出物 – 场模型解决方案。

【知识内容】

第一节 物 - 场模型

一、物 - 场模型概念

前面介绍了 TRIZ 理论中解决技术矛盾和解决物理矛盾的工具和方法。这些过程都要能确定矛盾中的参数，才能找到相对应的发明原理，然后结合设计人员的经验和判断力提出解决方案，实际情况是很多时候我们无法确定技术系统（或子系统）中的工程参数，显然也就无法运用矛盾矩阵来寻找相应的发明原理，这时就可以借助物 - 场分析工具来寻求解决方案。

物 - 场分析是从功能分析开始的，任何产品的出现都是为了实现某些功能。阿奇舒勒把功能定义为两个物质（元素）与作用于它们的场（能量）之间的交互作用，即一种功能由 3 个基本元素组成：两种物质及一种场，通过两种相关的物质和一种能量场就能实现功能。能够执行某个功能的最小的系统，至少应当由两个元素，以及两个元素间传递的能量组成，由此建立的模型即物 - 场模型，最典型的物 - 场模型如图 7-1 所示。物 - 场模型中，物质（S_1 和 S_2）是具体的，即是“物”，它们的定义取决于每个具体的应用，一般用 S_1 表示工件，是系统动作的接受者，S_2 表示工具，通过“场”作用在 S_1 上，而 F 是抽象的，即是“场”。

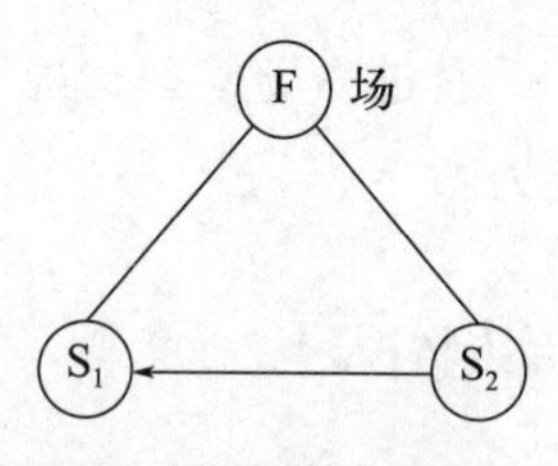

图 7–1 物 – 场模型

“物”可以是材料、工具、零件、人或环境等任何东西。物 - 场分析中，为了简化解决问题的进程，需要人们抛开（暂时忘掉）物体所有多余的特性，只区分出那些引起冲突的特性，因此，物 - 场分析中的“物质”，比我们一般理解的含义更广一些，不仅包括各种材料，还包括技术系统（或其组成部分）、外部环境，甚至活的有机体。

“场”是产生作用力的一种能量。物 - 场分析中的场的概念，同样有别于物理学中的场，在物 - 场分析中使用了更细的分类法：机械场、声场、热场、电场、磁场、光学场、化学场、生物场、气味场等，如表 7-1 所示。

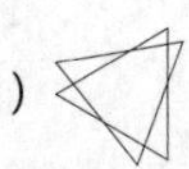

表 7-1　物 - 场分析中常用的场

场的类型	举例
机械场	重力、摩擦、惯性、离心、拉伸、压缩、弹性、反应、振动
声场	声音、超声波、次声波
热场	传导、对流、辐射、静态温度梯度、总温度梯度、膨胀、绝缘
电场	静电、电动、电泳、交变、感应、电磁、电容、压电、整流、转化
磁场	交变、铁磁、电磁
光学场	反射、折射、衍射、干涉、偏振、红外、可见光、紫外线
化学场	氧化、还原、扩散、燃烧、溶解、组合、转化、电解、吸热、放热
生物场	酶、光合作用、分解、同化、渗透、繁殖、腐烂、发酵
气味场	气味

功能就是物 - 场交互作用的结果，理想的功能是场 F 通过物质 S_2 作用于物质 S_1，并改变 S_1。类似化学反应方程式，两种物质在场的作用下实现期望功能。在图 7-1 的三角形中，若去掉任何一个物质或场，系统将不再成为系统，功能也不会实现。因此，物 - 场分析存在以下规律：

① 借助各种符号描述系统组件之间相互关系；

② 所有的系统都能分解成为三个基本元素（两个物质和一个场）；

③ 只有三个基本元素进行有机组合，才能实现一种功能。

例如：铣刀切割零件（图 7-2）。

S_1：零件；S_2：铣刀；F：铣（机械力）。

例如：吸尘器清洁地毯（图 7-3）。

S_1：地毯；S_2：吸尘器；F：吸污物（机械力）。

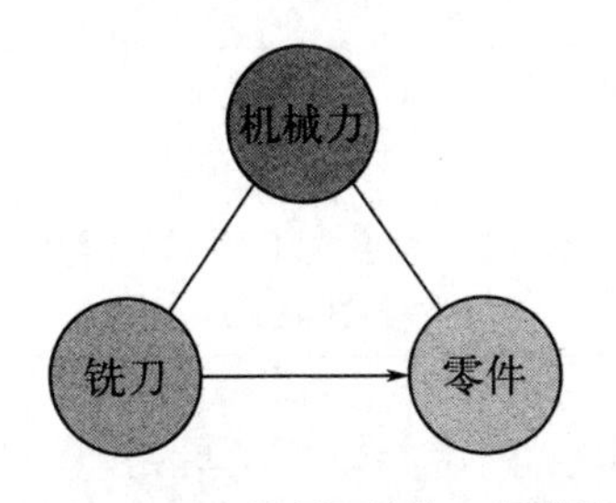

图 7-2　铣刀切割零件物 - 场模型

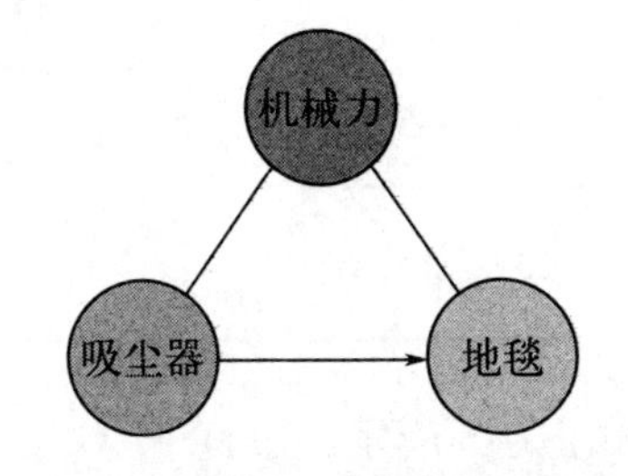

图 7-3　吸尘器清洁地毯物 - 场模型

总之，物 - 场分析理论的实质是：通过建立系统内结构化的问题模型，正确地描述系统内的问题，用符号语言清楚地表达技术系统（子系统）的功能，正确地描述系统的构成要素，以及构成要素之间的相互联系。

二、物 - 场模型类型

物 - 场模型将一个技术系统分成两个物质与一个场，用一个三角形来表示每个系统所实现的功能，通常可以用如图 7-4 所示的符号系统进行表示。因此，物 - 场分析法是使用一种用图形描述系统内零部件之间相互关系的符号语言，与文字语言相比，可以更加清楚、直观地描述零部件之间的相互关系。

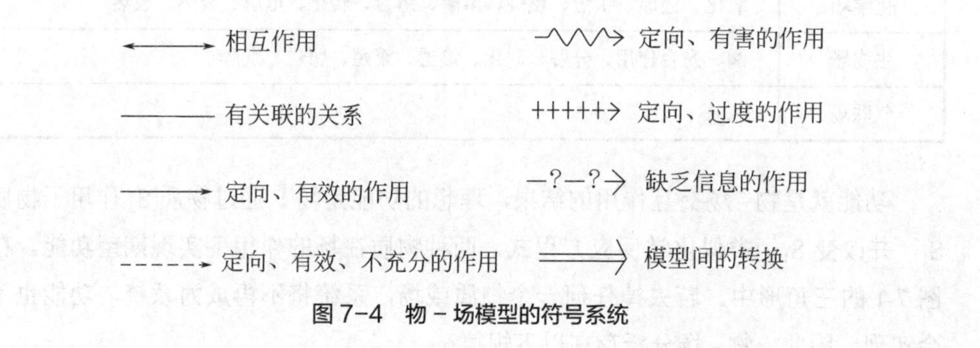

图 7-4　物 - 场模型的符号系统

根据物 - 场分析理论，可以将技术系统中出现的物理或技术矛盾，归纳总结为以下四种类型，如表 7-2 所示。

表 7-2　物 - 场模型类型

类型	特点	举例
完整模型	三要素均存在，且都有效，可实现设计愿望	如手拿杯子，杯子拿稳不掉
不完整模型	系统的三要素中某一要素不存在，需要增加要素来实现预期功能	如空不出手拿杯子或者杯子不见了
效应有害的完整模型	三要素均存在，但出现了与预期相冲突的效应，要消除此类有害效应	如手不恰当地拿杯子，导致杯子损坏或手被割破
效应不足的完整模型	三要素均存在，但效应不足，不能实现预期功能，需要改进系统	如手拿杯子，杯子没拿稳，有可能掉在地上

如图 7-5 所示，敲钉子为不完整的物 - 场模型，可能缺少工具和力，也可能缺少力和加工对象或仅仅缺少力。如果三要素中任何一个要素不存在，则表明该

模型需要完善。

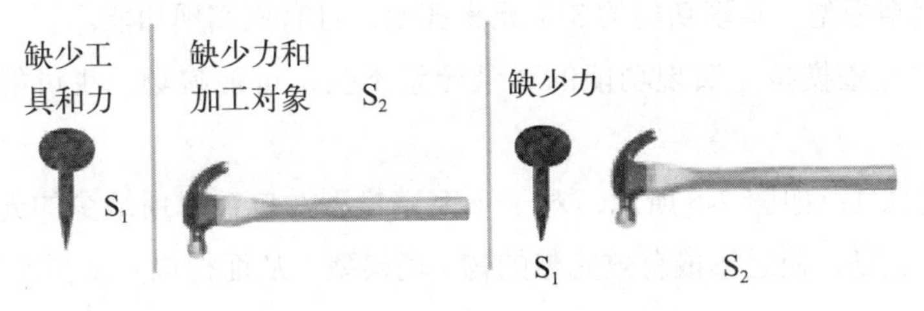

图 7-5　敲钉子模型

另外，如果问题的物 - 场模型是一样的，那么解决方案的物 - 场模型也是一样的，和这个问题来自于哪个领域无关。

第二节　一般解法及其应用

一、一般解法系统

物 - 场模型大致可以分为以下四种情况，与此相对应的"一般解法"共有六种，如表 7-3 所示。

表 7-3　物 – 场分析模型的一般解法

序号	分类	一般解法
1	完整模型	元素齐全，且有效实现功能
2	不完整模型	一般解法 1：补齐所缺的元素，增加场 F 或工具 S_2，使其成为完整模型
3	效应有害的完整模型	一般解法 2：加入第三种物质 S_3，用来阻止有害作用 一般解法 3：加入另外一种场 F_2，用来抵消原来有害场的效应
4	效应不足的完整模型	一般解法 4：用另外一个场 F_2 代替原来的场 F_1 一般解法 5：用另外一个场 F_2 来强化有用的效应 一般解法 6：插入一个物质 S_3 并加上另一个场 F_2 来提高有用效应

显然，完整模型是我们追求的目标，重点需要关注剩下的 3 种非正常模型。针对这 3 种模型，TRIZ 理论给出了一般解，对于一般解还无法解决的问题，则需要通过更仔细的分析，并运用"76 个标准解"来解决，将在下一节讲解。

因此，物 - 场模型类型与一般解法的关系如下。

（1）完整模型　实现功能的 3 个元素齐全，且有效实现功能。

（2）不完整模型　实现功能的 3 个元素不全，可能缺场，也可能缺少物质（工具）。

一般解法 1：如图 7-6 所示，对于不完整模型，应针对所缺少的元素给予引入物质或引入场，使之形成有效完整的物 - 场模型，从而得以实现预期功能。

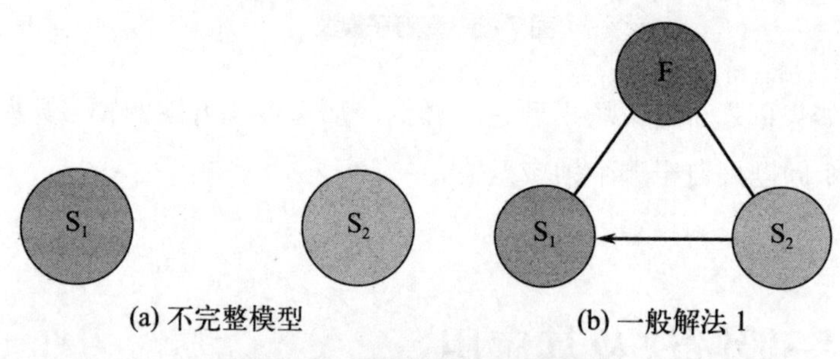

(a) 不完整模型　(b) 一般解法 1

图 7-6　不完整模型的一般解法

例如：一个液体（S_1）含有空气泡（S_2），使用离心机，增加离心力（增加机械场 F）可以分离空气泡。

例如：检验机油中是否有水，可在金属片上将滴油加热至 100℃，水的沸腾可见（机油的燃点约 200℃）。

（3）效应有害的完整模型　如图 7-7（a）所示，3 个元素齐全，但产生了有害的效应，需要消除这些有害效应。

一般解法 2：如图 7-7（b）所示，增加另一物质 S_3 来阻止有害效应的产生，S_3 可以是现成物质，或是 S_1、S_2 的变异，或者是从超系统分离而获得的物质。

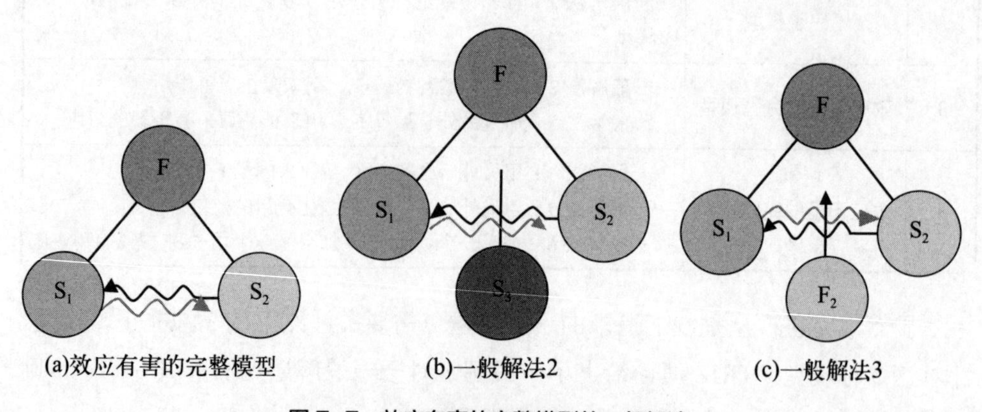

(a)效应有害的完整模型　(b)一般解法2　(c)一般解法3

图 7-7　效应有害的完整模型的一般解法

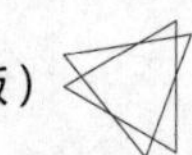

例如：保护铆钉模型，引入中介物 S_3（垫块），可以在敲击铆钉时防止铆钉帽损坏，如图 7-8 所示。

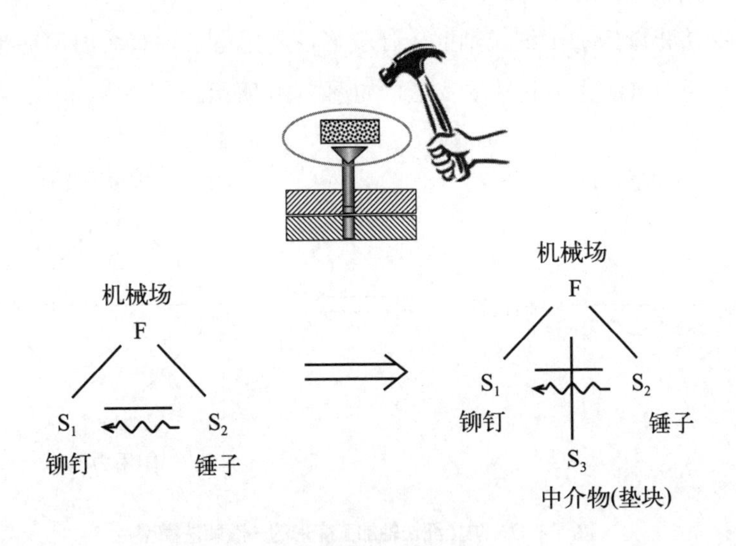

图 7-8　保护铆钉模型

例如：利用托盘保护手，可以防止手被烫伤，如图 7-9 所示。

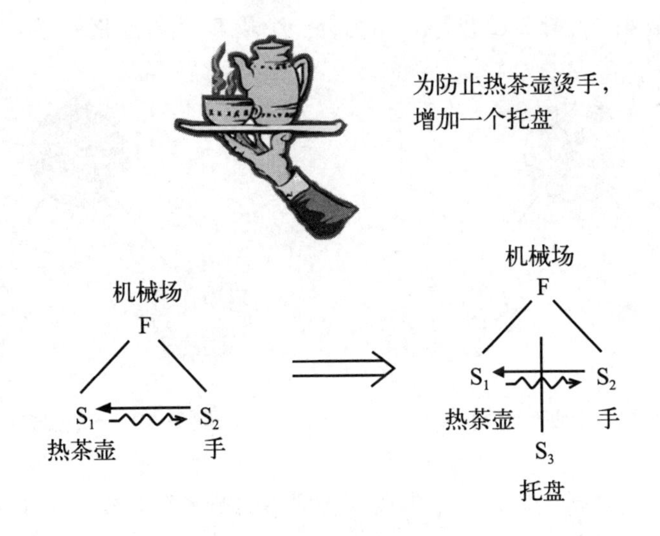

图 7-9　托盘护手模型

同样的案例还有：外科医生做手术时戴橡胶手套防止感染；为了增加办公室的隐秘性，窗玻璃改为磨砂玻璃；引入镀层防止水和空气锈蚀金属零件。

一般解法 3：如图 7-7（c）所示，增加另一个场 F_2 来平衡产生有害效应的场（即用第二个场 F_2 来消除有害作用）。

例如：防止车床加工细长轴时工件变形，利用与长轴有协同振动频率的支架产生的反作用力来防止细长轴的变形，如图 7-10 所示。

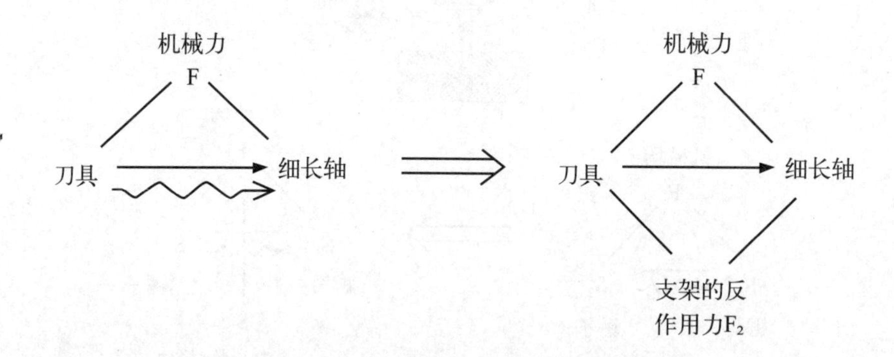

图 7-10　防止细长轴加工变形的一般解法模型

（4）效应不足的完整模型　如图 7-11 所示，3 个元素齐全，但功能未有效实现或实现得不足。

一般解法 4：如图 7-12 所示，用另外一个场 F_2 代替原来的场 F。

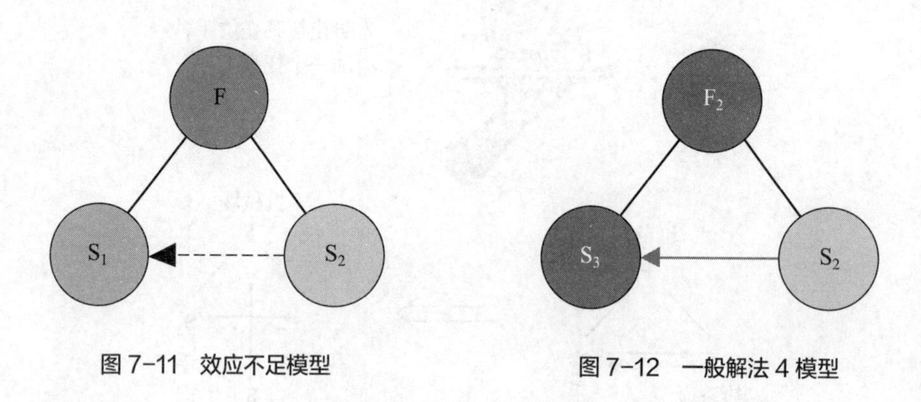

图 7-11　效应不足模型　　图 7-12　一般解法 4 模型

例如：在过滤网上加装一个电场，将细小的粒子聚集成大颗粒子，其过滤效率得到大幅提升。

例如：穿着普通鞋子在冰上行走的人，因不能产生足够的摩擦力，所以容易滑倒。解决办法为换上钉鞋，如图 7-13 所示。

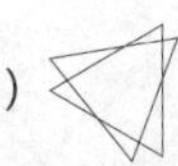

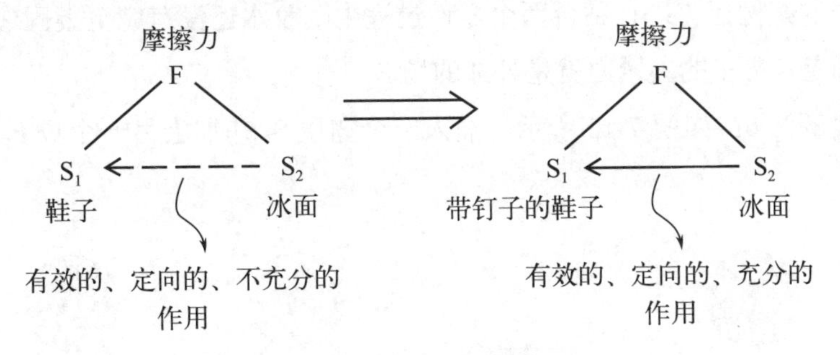

图 7-13　冰面行走模型

一般解法 5：如图 7-14 所示，用另外一个场 F_2 来强化有用的效应。

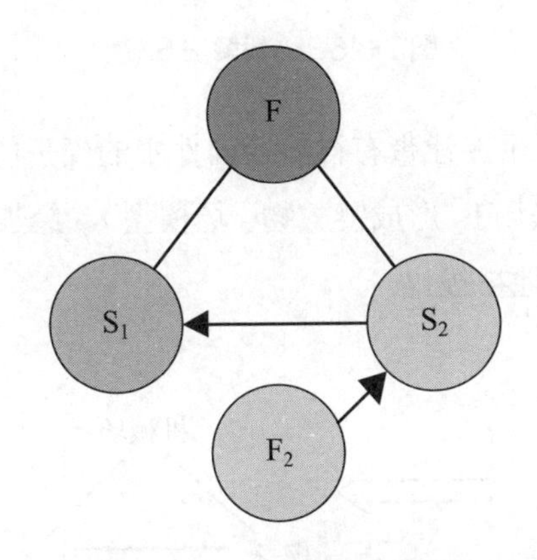

图 7-14　一般解法 5 模型

例如：如图 7-15 所示，为了快速用铲刀去除墙上的壁纸，引入了高温蒸汽热场 F_2，用高温蒸汽喷射墙面，就能很容易去除掉墙上的壁纸。

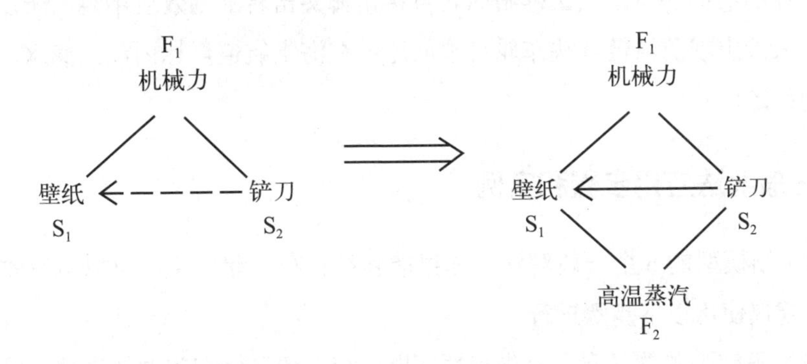

图 7-15　快速铲壁纸模型

同样的案例还有：在粘合两个零件过程中，胶水还没有完全凝固之前，用夹子帮助固定，夹子的夹紧力就是外加的场 F_2。

一般解法 6：如图 7-16 所示，插入一个物质 S_3 并加上另一个场 F_2 来提高有用效应。

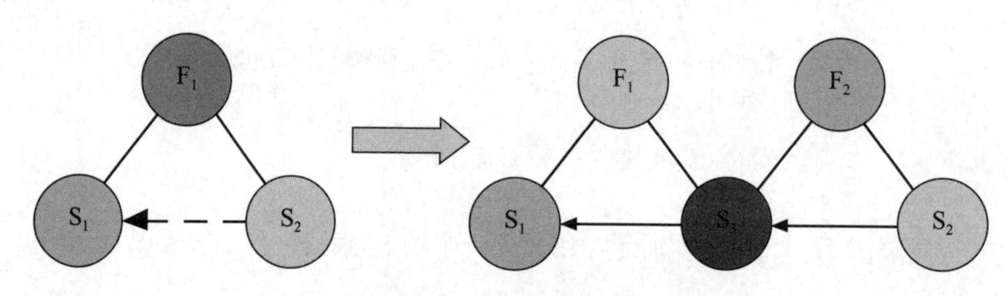

图 7-16　一般解法 6 模型

例如：如图 7-17 所示，让带有衬垫紧固件中的楔子能轻而易举地被拔出（引入易熔合金衬垫 S_3 和热场 F_2 形成链式物 - 场模型），经加热后，易熔合金衬垫熔化，楔子就能轻而易举地被拔出。

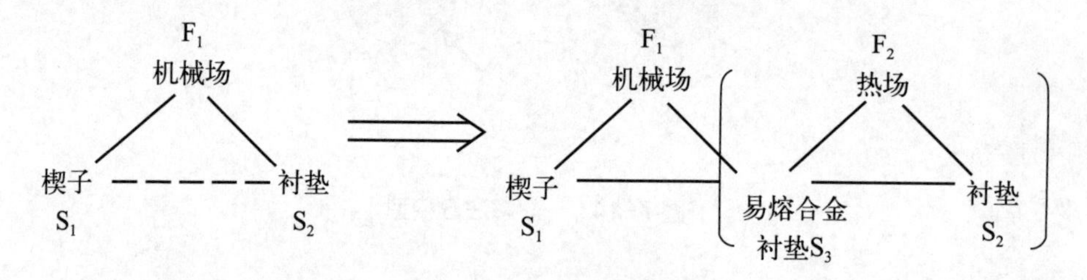

图 7-17　拔楔子模型

同样的案例还有：人工碎石时若直接用榔头击岩石则效应不足，所以引入凿子；引入沙土或防滑链解决车轮打滑问题；在海上航道浮标内注入海水，以加强浮标的稳定性。

二、一般解法应用步骤和实例

物 - 场模型的 6 个一般解法，如果能够结合在一起应用，可以更有效地解决问题。建议使用以下步骤进行。

（1）确定相关的元素　首先根据问题所存在的区域和问题的表现，确定造成问题的相关元素，以缩小问题分析的范围。

（2）联系问题情形，确定并完成物 - 场模型的绘制　根据问题情形，表述相关元素间的作用，确定作用的程度，绘制出问题所在的物 - 场模型，模型反映出的问题与实际问题应该是一致的。

（3）选择物 - 场模型的一般解法　按照物 - 场模型所表现出的问题，查找此类物 - 场模型的一般解法，如果有多个，则逐个进行对照，寻找最佳解法。

（4）形成概念设计　将一般解法与实际问题相对照，并考虑各种限制条件下的实现方式，在设计中加以应用，从而形成产品的设计方案。

例如：纯铜板的清洗。

问题描述：在纯铜电解生产过程中，少量的电解液会残留在铜板表面的微孔中，在铜板存储过程中，这些残留的电解液会挥发出来形成氧化斑点，从而影响铜板表面质量并降低其价值。为避免这种现象，在存储之前先清洗铜板，以去除铜板表面微孔中的残留电解液。但是，由于微孔非常小，微孔中的电解液很难得到彻底清洗，该如何改进呢？

第 1 步：确定相关的元素。

根据原来的水洗工艺，确定相关的元素为：

S_1——电解液（对象）；S_2——水（工具）；F——机械冲击力（清洗）。

第 2 步：模型绘制。

联系问题情形，确定并完成物 - 场模型的绘制。

本问题属于效应不足的完整模型，对应模型如图 7-18（a）所示。问题解决模型如图 7-18（b），其中：S_3——蒸汽；F_2——压力。

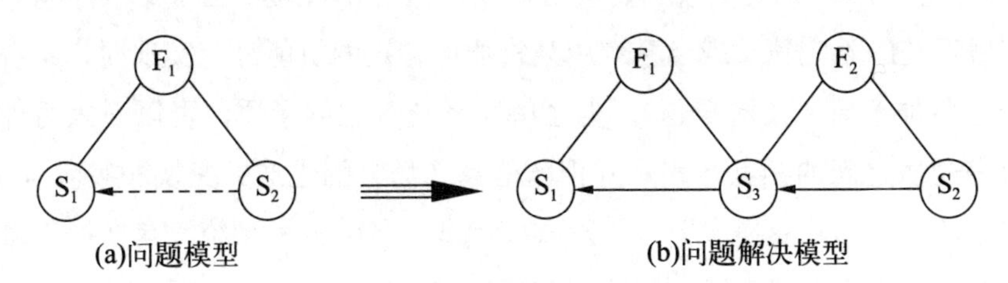

图 7-18　问题及问题解决模型

第 3 步：选择物 - 场模型的一般解法。

由表 7-3 可知，效应不足的完整模型，有 3 个一般解法：解法 4——用另外一个场 F_2 代替原来的场 F_1；解法 5——用另外一个场 F_2 来强化有用的效应；解法 6——插入一个物质 S_3，并加上另一个场 F_2 来提高有用效应。

第 4 步：形成概念设计。

（1）应用一般解法 5　用另外一个场 F_2 来强化有用效应。通过系统地研究各种能量场来选择可用的场形式，可产生如下方案：

F_2——机械冲击力，使用超声波清洗；

F_2——热冲击力，用热水清洗；

F_2——化学冲击力，使用表面活性剂溶解，加强残留电解液的移动；

F_2——磁冲击力，将水磁化以加强清洗。

以上各种能量形式，对改善清洗效果都是有效的，但效果似乎没有达到最终理想解，TRIZ 理论要求对问题彻底解决，追求获得最终理想解。

（2）应用一般解法 6　加入一个物质 S_3 并加上另一个场 F_2 来提高有用效应，如图 7-18（b）所示。

解决方案：使用过热水（100℃以上），且与高压力结合。过热的水蒸气可达到微孔内，穿进并充满微孔，形成对残留电解液的强烈爆炸冲击，并强制将其彻底排出微孔。

第三节　标准解法及其应用

在物 - 场分析的应用过程中，复杂的技术系统被抽象为物 - 场模型，在研究物 - 场中发现：技术系统构成的要素物质 S_1、物质 S_2 和场 F 三者缺一不可，否则就会造成系统的不完整，或当系统中某物质所特定的机能没有实现时，系统内部就会产生各种矛盾（技术难题）。为了解决系统产生的矛盾，可以引入另外的物质或改进物质之间的相互作用，并伴随能量（场）的生成、变换和吸收等，物 - 场模型也从一种形式变换为另一种形式。因此，各种技术系统及其变换都可用物质和场的相互作用形式表述，将这些变化的作用形式归纳总结后，就形成了发明问题的标准解法。发明问题的标准解法可以用来解决系统内的矛盾，同时也可以根据用户的需求进行全新的产品设计。

标准解法是阿奇舒勒于 1985 年创立的，适用于解决标准问题并快速获得解决方案，生产实践中通常用来解决概念设计的开发问题。标准解法是阿奇舒勒后期进行 TRIZ 理论研究的重要成果，也是 TRIZ 高级理论的精华之一。

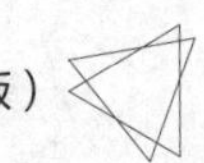

一、标准解法系统

标准解法系统中包括了76个标准解法，共分为5级、18子级。各级中解法的先后顺序也反映了技术系统必然的进化过程和进化方向。

如果我们遇到工程问题的时候，将每个标准解都尝试一遍，显而易见，这种工作效率是很低的，可操作性也比较差。为了提高这些标准解的可用性，阿奇舒勒对这些标准解进行了分级，对于每一级，都对应某种有问题的物 - 场模型。这样，在解决关键问题的时候，只要将其转化为相应问题的物 - 场模型，就可以用相应级别的标准解来解决问题了。

1. 第1级标准解

这一级标准解主要适用于不完整的物 - 场模型或有害作用的物 - 场模型，通过建立和拆解物 - 场模型来解决工程问题。第1级标准解包括2个子级，共计13个标准解。

2. 第2级标准解

这一级标准解适用于有用但不足的物 - 场模型，主要是通过对工程系统内部做较小的改变，以提升系统性能，但实际不增加系统复杂性的方法。这级标准解包括4个子级，共计23个标准解。

3. 第3级标准解

这一级标准解适用的物 - 场模型同样为不足的物 - 场模型，与第2级标准解不同的是，它通过转换到宏观系统或微观级别来解决工程问题。这级标准解包括2个子级，共计6个标准解。

4. 第4级标准解

这一级标准解要解决的问题是工程系统中的“测量和检测”类问题，这级标准解包含5个子级，共计17个标准解。

5. 第5级标准解

前4级标准解提出了解决方案，但在实际运用的时候，这个解决方案并不能真正付诸实施，所以需要对前面提出的解决方案进行调整，第5级标准解指出如何有效地引入物质、场或者科学效应来克服上述问题。这一级标准解包括5个子级，共计17个标准解。

标准解法系统的1～5级具体分布如表7-4～表7-8所示。

表7-4　第1级标准解

标准解编号	问题描述	案例
1.1	建立物-场模型	
1.1.1 完善一个不完整的物-场模型	标准解法1，在建立物-场模型时，如果发现仅有一种物质 S_1，那么就要增加第二种物质 S_2 和一个相互作用场F，只有这样才可以使系统具备必要的功能	用锤子（S_2）钉钉子（S_1）。作为一个完整的系统，必须有锤子（S_2）、钉子（S_1）和锤子作用于钉子上的机械场（F），才能实现钉钉子的功能
1.1.2 内部合成物-场模型	标准解法2，如果系统中已有的对象无法按需改变，可以在 S_1 或者 S_2 中引入一种永久的或者临时的内部添加物 S_3，帮助系统实现功能	喷漆时，在油漆（S_2）中添加稀料（S_3）
1.1.3 外部合成物-场模型	标准解法3，与1.1.2条件相同的情况下，也可以在 S_1 或者 S_2 的外部引入一种永久的或者临时的外部添加物 S_3	可以通过在滑雪橇（S_2）上涂蜡（S_3），来改善滑雪橇和雪（S_1）所组成的技术系统的功能
1.1.4 向环境物-场模型跃迁	标准解法4，与1.1.2条件相同的情况下，如果不允许在物质的内部引入添加物，可以利用环境中已有的（超系统）资源实现所需要的变化	航道中的航标（S_1）摇摆得太厉害，可以利用海水（超系统）作为镇重物
1.1.5 通过改变环境向环境物-场跃迁	标准解法5，与1.1.2条件相同的情况下，如果不允许在物质的内部或外部引入添加物，可以通过在环境中引入添加物来解决问题	办公室中的电脑设备（S_2）发热量较大，造成室温增加。可以在办公室（S_1）内加上空调（改进的系统），能较好地调节室温
1.1.6 最小模式	标准解法6，在很难精确地达到需要的量时，可以多施加需要的物质，然后再把多余的部分去掉	人们在一个方框中倒入混凝土（S_1），很难用抹子（S_2）直接做出一个很平的表面。如果把混凝土加满方框并超出一部分，那么在去掉多余部分的过程中，人们就不难抹出一个比较理想的平面来
1.1.7 最大模式	标准解法7，如果由于各种原因不允许达到要求作用的最大化，那么让最大化的作用通过另一个物质 S_2 传递给 S_1	蒸锅不能直接放到火焰上蒸煮食物（S_1）。但是可以在蒸锅里加水（S_2），利用火焰来加热蒸锅里的水，然后通过水（S_2）再把热量传递给食物（S_1）。因为加热食物的温度不可能超过水的沸点，所以不会烧焦食物

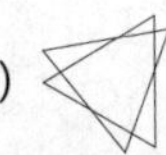

续表

标准解编号	问题描述	案例
1.1.8 选择性最大模式	标准解法 8，系统中同时需要很强的场和很弱的场，那么在给系统施以很强的场的同时，在需要较弱场作用的地方引入物质 S_3 来起到保护作用	用火焰给小玻璃药瓶（S_2）封口时，因为火焰的热量很高，所以会使药瓶内的药物（S_1）分解。但是，如果将药瓶盛药物的部分放在水（S_3）里，就可以使药保持在适合的温度之内，免受破坏
1.2	拆解物 - 场模型	
1.2.1 通过引入外部物质消除有害效应	标准解法 9，当前系统中同时存在有用的、有害的作用。此时如果无法限制 S_1 和 S_2 接触，可以在 S_1 和 S_2 之间引入 S_3，从而消除有害作用	医生需要用手（S_2）在病人身体（S_1）上做外科手术时，手有可能对病人的身体带来细菌导致感染。戴上一双无菌手套（S_3）就可以消除细菌带来的有害作用
1.2.2 通过改变现有物质来消除有害效应	标准解法 10，与 1.2.1 条件相同，但是不允许引入新的物质 S_3。此时可以改变 S_1 或 S_2 来消除有害作用，如利用空穴、真空、空气、气泡、泡沫等，或者加入一种场，这个场可以实现所需添加物质的作用	穿冰鞋（S_1）在冰面（S_2）上滑冰时，冰表面坚硬（F_1）有助于冰鞋的平滑运动；冰鞋与冰面之间的摩擦（F_2）妨碍了连续滑动。但摩擦使冰生热，产生水（改进的 S_2），水大幅降低了摩擦并有利于滑动
1.2.3 排除有害效应	标准解法 11，如果某个场对物质 S_1 产生了有害作用，可以引入物质 S_2 来吸收有害作用	为了消除来自太阳电磁辐射（F）对人体（S_1）的有害作用（被紫外线灼伤或者导致皮肤癌），可在皮肤的暴露部分涂上防晒霜（S_2）
1.2.4 用场抵消有害效应	标准解法 12，如果系统中同时存在有用作用和有害作用，而且 S_1 和 S_2 必须直接接触。这个时候，通过引入 F_2 来抵消 F_1 的有害作用，或将有害作用转换为有用作用	在脚跟腱拉伤后必须把脚固定起来，绷带（S_2）上作用于脚（S_1）上起到固定的作用（机械场 F_1）；如果肌肉长期不用将会萎缩，造成有害作用，为防止肌肉的萎缩，在物理治疗阶段加入一个脉冲的电场 F_2 作用于肌肉上
1.2.5 用场来切断磁影响	标准解法 13，系统内的某部分的磁性质可能导致有害作用。此时可以通过加热的方法使这一部分的温度处于居里点以上，从而消除磁性。或者引入一种相反的磁场	让带铁磁介质的研磨颗粒在旋转磁场的作用下打磨工件的内表面。如果是铁磁材料的工件，其本身对磁场的响应会影响加工过程。解决方案是提前将工件加热到居里温度以上

表7-5 第2级标准解

标准解编号	问题描述	案例
2.1	转化成合成的物-场模型	
2.1.1 链式物-场模型	标准解法14，将单一的物-场模型转化成链式物-场模型。转化的方法是引入一个S_3，让S_2产生的场F_2作用于S_3，同时，S_3产生的场F_1作用于S_1	人们用锤子砸石头，完成分解巨石的功能。为了增强分解功能，可以在锤子（S_2）和石头（S_1）之间加入凿子（S_3）。锤子（S_2）的机械场（F_2）传递给凿子（S_3），然后凿子（S_3）的机械场（F_1）传递给石头（S_1）
2.1.2 双物-场模型	标准解法15，双物-场模型：现有系统的有用作用F_1不足，需要进行改进，但是又不允许引入新的元件或物质。这时，可以加入第二个场F_2，来增强F_1的作用	用电镀法生产铜片，在铜片表面会残留少量的电解液（S_1）。用水（S_2）清洗（F_1）的时候，不能有效地除掉这些电解液。解决方案是增强第一个场，即在清洗的时候，加入机械振动或者在超声波（F_2）清洗池中清洗铜片
2.2	加强物-场模型	
2.2.1 使用更可控的场加强物-场模型	标准解法16，用更加容易控制的场，来代替原来不容易控制的场，或者叠加到不容易控制的场上。可按以下路线取代一个场：重力场→机械场→电场或者磁场→辐射场	在一些外科手术中，最好用对组织施加热作用的激光手术刀取代对组织施加机械作用的钢刀片式手术刀
2.2.2 向带有工具分散物质的物-场模型转化	标准解法17，提高完成工具功能的物质分散（分裂）度	标准的钢筋混凝土由钢筋加混凝土组合而成。用一系列钢丝段代替较粗的钢筋可以制造出“针式”混凝土。采用这种材料可以增强结构强度
2.2.3 向具有毛细管多孔物质的物-场转化	标准解法18，在物质中增加空穴或毛细结构。具体做法是：固体物质→带一个孔的固体物质→带多个孔的固体物质（多孔物质）→毛细管多孔物质→带有限孔结构（和尺寸）的毛细管多孔物质	提议采用基于多孔硅的毛细管多孔结构代替一组针状电极，作为平面显示器的阴极
2.2.4 向动态化物-场模型转化	标准解法19，如果物-场系统中具有刚性、永久和非弹性元件。那么就尝试让系统具有更好的柔韧性、适应性、动态性来改善其效率	给风力发电站的风轮机安装铰链结构，有助于风轮机在风的作用下随时保持顺风方向
2.2.5 向结构化的物-场跃迁	标准解法20，用动态场替代静态场，以提高物-场系统的效率	利用驻波来固定液体中的微粒

续表

标准解编号	问题描述	案例
2.2.6 向结构物 - 场模型转化	标准解法 21，将均匀的物质空间结构，变成不均匀的物质空间结构	从均质固体切削工具，向多层复合材料的、自锐化切削工具跃迁，可增加成品的数量和质量
2.3	通过协调频率加强物 - 场模型	
2.3.1 向 F、S_1、S_2 具有匹配频率的物 - 场模型转化	标准解法 22，将场 F 的频率，与物质 S_1 或者 S_2 的频率相协调	振动破碎机（S_2）的振动频率（F）必须与被破碎玻璃（S_1）的固有频率一致
2.3.2 向 F_1、F_2 具有匹配频率的物 - 场模型转化	标准解法 23，将场 F_1 与场 F_2 的频率相互协调与匹配	通过产生一个与机械振动（F_1）振幅相同，但是方向相反的振动（F_2）来相互抵消
2.3.3 向具有合并作用的物 - 场转化	标准解法 24，两个独立的动作，可以让一个动作在另外一个动作停止的间隙完成	当信息由两个频道和在同一频带内由发射器向接收器传输时，一个频道的传输发生在另一个频道的停顿期间
2.4	利用磁场和铁磁材料加强物 - 场模型	
2.4.1 原铁磁场	标准解法 25，在物 - 场中加入铁磁物质和磁场	为了将海报贴在物体表面上，采用铁磁表面和小磁铁代替图钉或者透明胶带
2.4.2 铁磁场	标准解法 26，将标准解法 2.2.1（使用更可控的场）与 2.4.1（原铁磁场）结合在一起	橡胶模具的刚度，可以通过加入铁磁物质、磁场来进行控制
2.4.3 基于磁流体的铁磁场	标准解法 27，运用磁流体。磁流体可以是：悬浮有磁性颗粒的煤油、硅树脂或者水的胶状液体	计算机马达的多孔旋转轴承中，用磁流体代替纯润滑剂，可使其保留在轴和轴承支架之间的缝隙中，同时还可以提供毛细力
2.4.4 基于磁性多孔结构的铁磁场	标准解法 28，应用包含铁磁材料或铁磁液体的毛细管结构	在过滤器的过滤管中填充铁磁颗粒，使之形成毛细多孔一体材料。利用磁场，可以控制过滤器内部的结构
2.4.5 在 S_1 或 S_2 中引入添加物的外部复杂铁磁场模型	标准解法 29，转变为复杂的铁磁场模型。如果原有的物 - 场模型中，禁止用铁磁物质替代原有的某种物质，可以将铁磁物质作为某种物质的内部添加物而引入系统	为了让药物分子（S_2）到达身体需要的部位（S_1），在药物分子上附加铁磁微粒，并且，在外界磁场（F_1）的作用下，引导药物分子转移到特定的位置

续表

标准解编号	问题描述	案例
2.4.6 与环境一起的铁磁场模型	标准解法 30，在标准解法 2.4.5 的基础上，如果物质内部不允许引入铁磁添加物，可以在环境中引入，用磁场 F 改变环境的参数	将一个内部有磁性颗粒物质的橡胶垫（S_3）摆放在汽车（S_1）的上方。这个垫子可以保证在修车时，工具（S_2）能被吸附从而使维修人员随手可得。这样就不需要人们在汽车外壳内填入防止工具滑落的铁磁物质了
2.4.7 使用物理效应的铁磁场	标准解法 31，如果采用了铁磁场系统，应用物理效应可以增加其可控性	磁共振成像
2.4.8 动态化铁磁场模型	标准解法 32，应用动态的、可变的（或者自动调节的）磁场	将表面有磁性微粒的弹性球体放在一个不规则空心物体内部来测量其壁厚，通过放在外部的感应器来控制这个"磁性球"，使其与待测空心物体的内壁紧紧地贴合在一起，从而实现精确测量的目的
2.4.9 有结构化场的铁磁场	标准解法 33，利用结构化的磁场更好地控制或移动铁磁物质颗粒	可以在聚合物中掺杂传导材料，提高其传导率。如果材料是磁性的，就可以通过磁场来排列材料的内部结构，这样使用材料很少，而传导率更高
2.4.10 节律匹配的铁磁场	标准解法 34，铁磁场模型的频率协调。在宏观系统中，可以利用机械振动使铁磁颗粒加速运动。在分子或者原子级别，可以改变磁场的频率，通过测量对磁场发生响应的电子的共振频率频谱来测定物质的组成	每个原子都有各自的共振频率。这种利用了元件节律匹配的测量技术，叫做电子自旋共振（ESR）
2.4.11 电磁场	标准解法 35，应用电流产生磁场，而不是应用磁性物质	常规电磁冲压中的金属部件采用了磁性很强的电磁铁，该磁铁可产生脉冲磁场。脉冲磁场在坯板中产生涡电流，其磁场排斥使它们产生感应的脉冲磁场。排斥力足以将坯板压入冲压模
2.4.12 向采用电流变液体的电磁场跃迁	标准解法 36，通过电场，可以控制流变体的黏度	在车辆的减振器中使用电流变液体取代标准油，原因是标准油的黏度随着温度的上升而降低

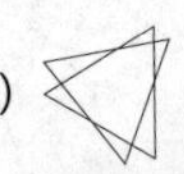

表 7-6 第 3 级标准解

标准解编号	问题描述	案例
3.1	向双系统或者多系统转化	
3.1.1 将多个技术系统并入一个超系统	标准解法 37，系统进化方式 -1a：创建双系统和多系统	在薄玻璃上打孔是很困难的事情，因为即使很小心，也很容易把薄薄的玻璃弄碎。我们可以用油做临时的粘贴物质，将薄玻璃堆砌在一起，变成一块“厚玻璃”，就便于加工了
3.1.2 改变双系统或者多系统之间的连接	标准解法 38，改变双系统或者多系统之间的连接	面对复杂的交通状况，应在十字路口的交通指挥灯系统里，实时地输入一些当前交通流量的信息，更好地控制各种复杂的交通状况
3.1.3 由相同元件向具有改变特征元件的跃迁	标准解法 39，系统进化方式 -1b：增加系统之间的差异性	在多头订书机的各头内，人们装入不同种类的订书钉。如果在订书机上增加一个起钉器，订书机的作用就会更加丰富
3.1.4 由多系统向单系统的螺旋进化	标准解法 40，经过进化后的双系统和多系统再次简化成为单一系统	新型家用的立体声壳中加入了多个音频系统，但都由一个外围设备组成
3.1.5 系统及其元件之间的不兼容特性分布	标准解法 41，系统进化方式 -1c：部分或者整体表现出相反的特性或功能	自行车的链条是刚性的，但是总体上是柔性的
3.2	向微观级进化	
引入“聪明”物质实现向微观级的跃迁	标准解法 42，系统进化方式 -2：转换到微观级别	计算机就是沿着这个方向发展的

表 7-7 第 4 级标准解

标准解编号	问题描述	案例
4.1	间接方法	
4.1.1 以系统的变化替代检测和测量问题	标准解法 43，改变系统，把原来需要测量的系统改为不再需要测量	加热系统的温度自动调节装置，可以用一个双金属片制成
4.1.2 测量系统的复制品或者图像	标准解法 44，用针对对象复制品、图像或图片的操作替代针对对象的直接操作	测量金字塔的高度时，完全可以通过测量塔的阴影长度算出塔高来替代

续表

标准解编号	问题描述	案例
4.1.3 测量对象变化的连续检测	标准解法 45，应用两次间断测量，代替连续测量	柔韧物体的直径应该实时地进行测量，从而看出它与相互作用对象之间匹配是否完好。但是，实时测量不容易进行，可以通过测量它的最大直径和最小直径，确定其变化范围，来进行判断
4.2	建立新的测量的物 - 场模型	
4.2.1 测量物 - 场模型的合成	标准解法 46，如果非物 - 场系统（S_1）十分不便于检测和测量，就要通过完善基本物 - 场或双物 - 场结构来求解	如果塑料袋上有个很小的孔很难被发现，可以先给塑料袋内填充空气，然后再将塑料袋放在水中。稍微施加压力，水中就会出现空气泡，从而指示出塑料袋泄漏孔的位置
4.2.2 引入易检测添加物实现向内部复杂物 - 场的转化	标准解法 47，测量引入的附加物。如引入的附加物与原系统的相互作用产生变化，可以测量附加物的变化，再进行转换	很难通过显微镜观察的生物样品可以通过加入化学染色剂来进行观察，以了解其结构
4.2.3 引入到环境中的添加物可控制受测对象状态的变化	标准解法 48，如果不能在系统中添加任何东西，可以在外部环境中加入物质，并且测量或者检测这个物质的变化	GPS 的应用
4.2.4 环境中产生的添加物可控制受控物体状态的变化	标准解法 49，如果系统或环境不能引入附加物，可以将环境中已有的东西进行降解或转换，变成其他的状态，然后测量或检测这种转换后的物质的变化	云室可以用来研究粒子的动态性能。在云室内，液氢保持在适当的压力和温度下，以便液氢正好处于沸点附近。当外界的高能量粒子穿过液氢时，液氢就会局部沸腾。从而形成一个由气泡组成的高能量粒子路径轨迹。此路径轨迹可以被拍照
4.3	增强测量物 - 场模型	
4.3.1 通过采用物理效应强制测量物 - 场	标准解法 50，应用在系统中发生的已知的效应，并且检测因此效应而发生的变化，从而知道系统的状态。提高检测和测量的效率	通过测量导电液体电导率的变化，来测量液体的温度
4.3.2 受控物体的共振应用	标准解法 51，如果不能直接测量或者必须通过引入一种场来测量时，则可以让系统整体或部分产生共振，通过测量共振频率来解决问题	使用音叉为钢琴调律。钢琴调律师需要调节琴弦，通过音叉与琴弦的频率发生共振，来进行调谐

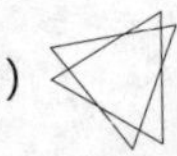

续表

标准解编号	问题描述	案例
4.3.3 附带物体共振的应用	标准解法 52，若不允许系统共振，则可以通过与系统相连的物体或环境的自由振动，获得系统变化的信息	非直接法测量物体的电容量。将未知电容量的物体，插入到已知感应系数的电路中；然后，改变电路中电压的频率，寻找产生谐振的共振频率。据此，可以计算出物体的电容量
4.4	测量铁磁场	
4.4.1 向测量原铁磁场跃迁	标准解法 53，增加或者利用铁磁物质或系统中的磁场，从而方便测量	交通管理系统中使用交通灯进行交通指挥。如果还想知道车辆需要等候多久，或者想知道车辆已经排了多长，可以在路面下铺设一个环形感应线圈，从而轻易地检测出上面车辆的铁磁成分，经过转换后得出测量结果
4.4.2 向测量铁磁场跃迁	标准解法 54，在系统中增加磁性颗粒，通过检测其磁场以实现测量	在流体中引入铁磁颗粒，以增加测量的准确度
4.4.3 向复杂化的测量铁磁场跃迁	标准解法 55，如果磁性颗粒不能直接加入到系统中，则可以建立一个复杂的铁磁测量系统，将磁性物质添加到系统已有物质中	在非磁性物体表面涂敷含有磁性材料和表面活化剂细小颗粒的物体，以检测该物体的表面裂纹
4.4.4 在环境中引入铁粒子，向测量铁磁场跃迁	标准解法 56，如果不能在系统中引入磁性物质，则可以在环境中引入	船的模型在水上移动的时候，水会出现波浪。为了研究波浪的形成原因，可以将铁磁微粒添加到水中，辅助测量
4.4.5 物理科学原理的应用	标准解法 57，测量与磁性相关的自然现象，比如说居里点、磁滞现象、超导消失、霍尔效应等	磁共振成像
4.5	测量系统的进化趋势	
4.5.1 向双系统和多系统跃迁	标准解法 58，向双系统、多系统转化。如果一个测量系统不具有高的效率，可以应用两个或者更多的测量系统	为了测量视力，验光师使用一系列的设备，来测量人眼对某物体的聚焦能力
4.5.2 向测量派生物跃迁	标准解法 59，不直接测量，而是在时间或者空间上，测量待测物的第一级或者第二级的衍生物	测量速度或加速度，而不是直接测量距离

表 7-8　第 5 级标准解

标准解编号	问题描述	案例
5.1	引入物质	
5.1.1 将空腔引入 S_1 或 S_2，以改进物-场元件的相互作用	标准解法 60，应用“不存在的物体”替代引入新的物质。比如增加空气、真空、气泡、泡沫、水泡、空穴、毛细管等，用外部添加物代替内部添加物，用少量高活性的添加物，临时引入添加剂等	对于水下保暖衣来说，如果仅通过增加衣服厚度的方法来改善保暖性，整个衣服就会变得很厚重。我们可以在其中加入泡沫结构，既不增加衣服厚度，还可以使衣服变得轻薄
5.1.2 将产品（S_0）分成相互作用的若干部分	标准解法 61，将物质分割为更小的组成部分	降低气流产生噪声（S_1）问题的标准解决方案，是将基本气流（S_0）分成两股气流（S_{01}）和（S_{02}），从不同的方面形成涡流，并相互抵消
5.1.3 引入的物质使物-场的相互作用正常并自行消除	标准解法 62，添加物在使用完毕之后自动消失	用冰把粗糙物体表面打磨光滑
5.1.4 用膨胀结构和泡沫，使物-场的相互作用正常化	标准解法 63，如果条件不允许加入大量的物质，则加入虚空的物质	在物体内部增加空洞，以减轻物体的重量
5.2	引入场	
5.2.1 使用技术系统中现有的场，不会使系统变得复杂化	标准解法 64，应用一种场，产生另外一种场	电场产生磁场
5.2.2 使用环境中的场	标准解法 65，应用环境中存在的场	电子设备在使用时产生大量的热。这些热可以使周围空气流动，从而冷却电子设备自身
5.2.3 使用技术系统中现有物质的备用性能作为场资源	标准解法 66，应用能产生场的物质	医生将放射性的物质植入到病人的肿瘤位置，来杀死癌细胞，以后再进行清除
5.3	相变	
5.3.1 改变物质的相态	标准解法 67，相变 1：改变相态	用 a- 黄铜取代 B- 黄铜。通过晶体结构的改变，导致在特定温度下，黄铜机械性能的改变
5.3.2 两种相态相互转换	标准解法 68，相变 2：双相互换	在滑冰过程中，通过将刀片下的冰转化成水，来减小摩擦力；然后，水又结成冰

续表

标准解编号	问题描述	案例
5.3.3 将一种相态转换成另一种相态，并利用伴随相转移的现象	标准解法 69，相变 3：应用相变过程中伴随出现的现象	暖手器里面，有一个盛有液体的塑料袋，袋内有一个薄金属片。在释放热量过程中薄金属片在液体中弯曲，可以产生一定的声信号，触发液体转变为固体。当全部液体转变为固体后，人们将暖手器放回热源中加热，固体即可还原为液体
5.3.4 转换到物质的双相态	标准解法 70，相变 4：转化为双相状态	在切削区域涂敷一层泡沫，刀具能穿透泡沫持续切割；而噪声、蒸汽等却不能穿透这层泡沫，这可用于消除噪声
5.3.5 利用系统部件（相位）之间的交互作用	标准解法 71，利用系统的相态交互，增强系统的效率	酒经过两次蒸馏后，放在木桶中进行保存。这时，木材和液体之间相互作用
5.4	运用自然现象	
5.4.1 利用可逆性物理转换	标准解法 72，状态的自动调节和转换。如果一个物体必须处于不同的状态，那么它应该能够自动从一种状态转化为另外一种状态	变色太阳镜的镜片在阳光下颜色变深，在阴暗处又恢复透明
5.4.2 出口处场的增强	标准解法 73，将输出场放大	真空管、继电器和晶体管，都可以利用很小的电流来控制很大的电流
5.5	产生物质的高级和低级方法	
5.5.1 通过降解更高一级结构的质来获取所需的物质	标准解法 74，通过降解来获得物质颗粒（离子、原子、分子等）	如果系统需要氢但系统本身又不允许引入氢的时候，我们可以向系统引入水，再将水电解转化成氢和氧
5.5.2 通过合并较低等级结构的物质来获得所需要的物质	标准解法 75，通过组合，获得物质粒子	树木吸收水分、二氧化碳，并且运用太阳光进行光合作用，得以生长壮大
5.5.3 介于前两个解法之间	标准解法 76，应用 5.5.1 和 5.5.2。如果一个高级结构的物质需要降解，但是又不能降解，就应用次高水平的物质。另外，如果需要把低级结构的物质组合起来，我们就可以直接应用较高级结构的物质	如需要传导电流，可先将物质变成导电的离子和电子。离子和电子脱离电场之后，还可以重新结合在一起

二、标准解法的应用步骤

我们借助物 - 场分析方法和标准解法，可以找到许多实际问题的解决方案，完成创新设计。其具体过程如图 7-19 所示，首先将实际问题抽象成物 - 场模型，根据模型的类型，在对应的子级中找到该模型的标准解。在此基础上，将标准解具体化，得到实际问题的具体解决方案。

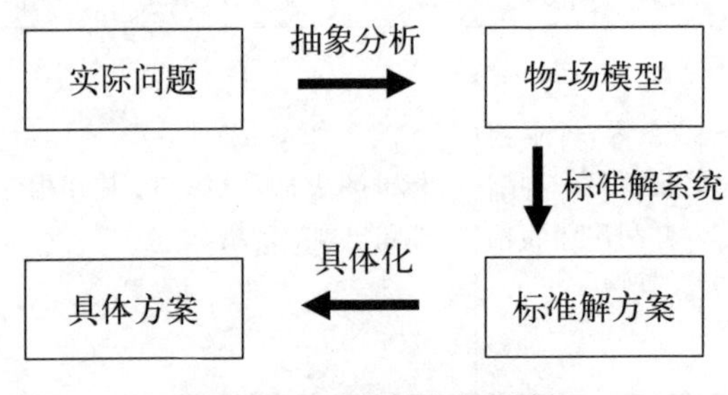

图 7-19　标准解法求解过程

物 - 场分析模型的标准解分为 5 级、18 个子级，共 76 个之多，这给实际问题提供了丰富的解决方法，通过物 - 场分析，可以快速、有效地使用标准解法来解决那些技术和设计难题。

但是，这么多的标准解法，似乎内容复杂，头绪较多，也给设计者带来许多麻烦和困扰。尤其是初学者，更显得一头雾水，无从下手，而且不恰当地选择，还会导致使用者走上弯路或百思不得其解，浪费时间和精力，从而降低标准解法的使用效率。因此，使用标准解法解决问题的时候，必须遵循一定的步骤。其实，在标准解法的使用和实践过程中，人们已经总结出了一整套的使用步骤和流程，让发明问题标准解的使用能够循序渐进，变得容易操作。以下就是采用标准解法求解的四个基本步骤。

1. 确定所面临的问题类型

首先需要确定所面临的问题属于哪类问题，是要求对系统进行改进，还是对某件物体有测量或探测的需求。问题类型的确定过程是一个复杂的过程，建议按照下列顺序进行：

① 问题工作状况描述，最好有图片或示意图配合问题状况的陈述；

② 对产品或系统的工作过程进行分析，尤其是物流过程需要表达清楚；

③ 组件模型分析包括系统、子系统、超系统三个层面的零件，以确定可用资源；

④ 功能结构模型分析是将各个元素间的相互作用表达清楚，用物 - 场模型的作用符号进行标记；

⑤ 确定问题所在的区域和组件，划分出相关元素，作为下一步工作核心。

2. 对技术系统进行改进

如果面临的问题是要求对系统进行改进，则对技术系统按如下办法进行改进：

① 建立现有技术系统的物 - 场模型；

② 如果是不完整物 - 场模型，应用第 1 级标准解（1.1）中的 8 个标准解法；

③ 如果是有害效应的完整物 - 场模型，应用第 1 级标准解（1.2）中的 5 个标准解法；

④ 如果是效应不足的完整物 - 场模型，应用第 2 级标准解中的 23 个标准解法和第 3 级标准解中的 6 个标准解法。

3. 对某个组件进行测量或探测

如果问题是对某个组件有测量或探测的需求，则应用第 4 级标准解中的 17 个标准解法。

4. 标准解法简化

获得了对应的标准解法和解决方案，检查模型（实际是技术系统）是否可以应用第 5 级标准解中的 17 个标准解法来进行简化。第 5 级标准解也可以认为是是否有强大的约束限制着新物质的引入和交互作用的解法。在实际应用标准解法的过程中，必须紧紧围绕技术系统所存在的问题的理想化最终结果，并考虑系统的实际限制条件，灵活进行应用，追求最优化的解决方案。很多情况下，综合多个标准解法，对问题的彻底解决程度具有积极意义，尤其是第 5 级标准解中的 17 个标准解法。

三、标准解法的应用案例

1. 问题描述

传统的箱式烘干机外形像个箱子，外壳是隔热层，这种烘干机的应用广泛，适合于各种物料的干燥，但是这种烘干机的含湿量不太均匀、干燥速率低、干燥时间长、生产能力小、热利用率低，因此，应该使用标准解法来求解。

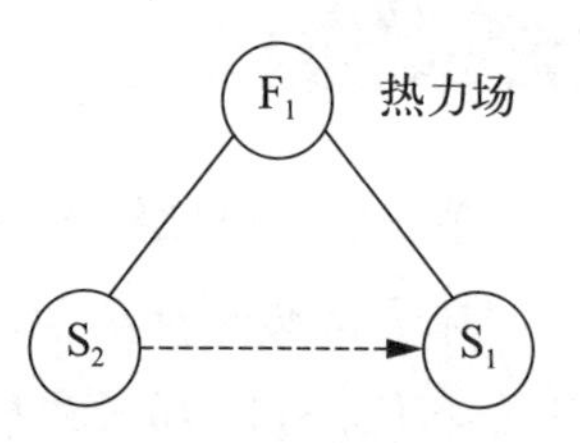

图 7-20　箱式烘干机效应不足的物 - 场模型

2. 建立物 - 场模型并确定问题的类型

如图 7-20 所示，使用的元件分别为 S_1 物料、S_2

气流和场 F_1。由图 7-20 可知，功能模型中的元件齐全，但执行元件对被执行元件产生的作用，不足以达到系统的要求，属于效应不足的完整物 - 场模型。其中 S_1、S_2 分别表示需要干燥物料以及气流。F_1 表示一个热力场，虚线表示两者之间的作用是不足的。

3. 应用标准解对系统进行改进

当前系统为效应不足的模型，应用第 2 级标准解中的 23 个标准解法和第 3 级标准解中的 6 个标准解法。这个场合的标准创新解包括：

① 对 S_1 的修改，在实际中体现为对被干燥物质的预处理，在进入箱式烘干机之前，可先对物料进行脱水，来提高干燥过程中的干燥效率。

② 对 S_2 的修改，干燥机在设计时使用不同的材料、形状以及表面工艺，来更有效地提高物料与气流接触面积，使之接触均匀，提高干燥效率。可对结构图中的叶片进行设计，让其与物料成一定角度，并且角度是可调节的，通过改变角度可以改变接触面积的大小，保证物料受热均匀。

③ 对 S_1 的修改，可以引入一个新场，例如机械场 F_2，通过一个环流产生装置引入物料的涡流，而不是层流来改善加热方式，从而提高热效率。此时，原来的物 - 场模型变为如图 7-21 所示。

值得注意的是，使用 TRIZ 理论进行产品改进设计时，首先构建物 - 场模型，确定待改进设计目标，再利用一般解法或标准解法，获取改进设计方案。随后，我们还必须分析方案是否影响了产品的装配及使用性能。如果影响，则建立物理矛盾分析模型，依次利用 TRIZ 理论提供的发明原理进行改进设计，得到有效的改进方案。

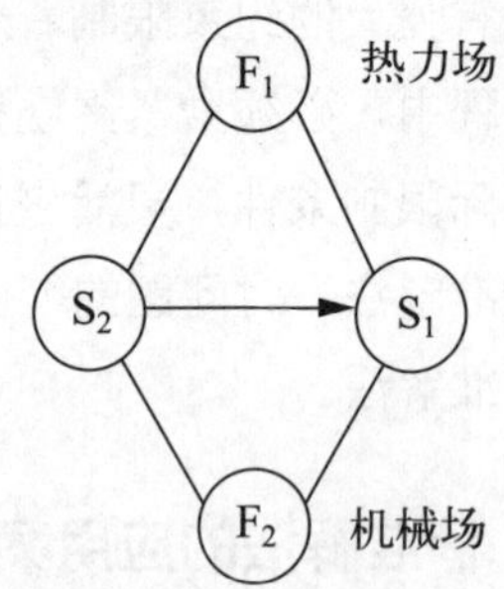

图 7-21 改进箱式烘干机的物 – 场模型

【案例分析】

利用物 – 场模型解决锤子反振问题

第一步：确定相关的元素。

锤子在被施加力的情况下敲击物体，则对象是物体（S_1），工具是锤子（S_2），场是施加的敲击力（F）。

第二步：模型绘制。

锤子在敲击物体过程中，由于力的相互作用，物体会对锤头

产生反作用力，在反作用力作用下，锤子会发生反弹、振动等，对锤子使用者造成一定伤害。所以物 - 场模型是效应有害的完整模型，见图 7-22。

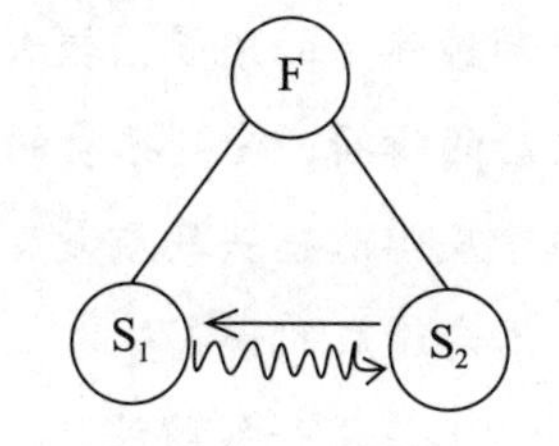

图 7-22　锤子敲击物体的物 - 场模型

第三步：选择物 - 场模型的一般解法。

由表 7-3 可知，效应有害的完整模型有 2 个一般解法：加入第三种物质 S_3，用来阻止有害作用；加入另外一种场 F_2，用来抵消原来有害场的效应。

第四步：形成概念设计。

（1）应用一般解法 2　加入第三种物质 S_3，用来阻止有害作用，如图 7-23 所示。

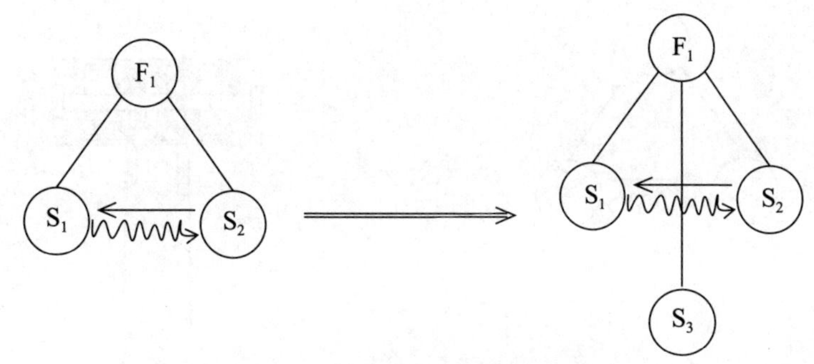

图 7-23　一般解法 2 问题解决模式

在锤头上增加活动锤体（S_3），在敲击物品过程中能够减弱物 - 场模型有害场的效应。组合式锤子见图 7-24，当工人敲击物体时，锤头的质量包括固定锤体 3

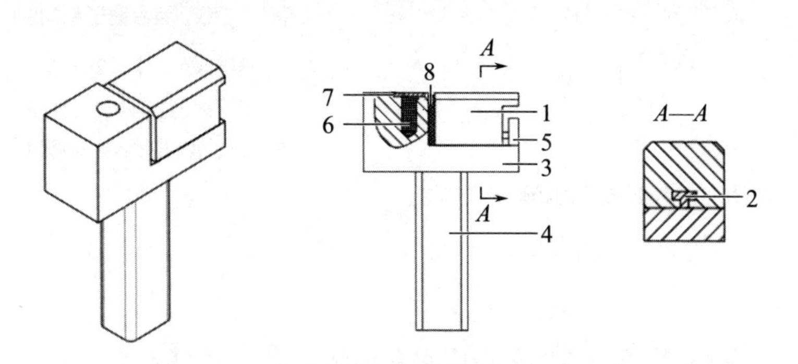

图 7-24　一种组合式锤子

1—活动锤体；2—T 形导轨；3—固定锤体；4—手柄；5—限位块；
6—圆磁体；7—压盖；8—橡胶垫

和活动锤体1的质量，较大质量的锤头会增大敲击力，取得较好的敲击效果。在敲击后的瞬间，受到振动的活动锤体1会脱离固定锤体3，沿着T形导轨2滑移，相当于反弹时锤头的质量变小，所以使得反弹力变小，削弱了锤子反弹和振动等对使用者造成的伤害。

（2）应用一般解法3　加入另外一种场F_2，用来抵消原来有害场的效应，具体见图7-25。

在锤头内增加碟形弹簧和尼龙块，增加了一个机械场减弱物-场模型有害场的效应。其具体结构见图7-26，工人手握锤柄7进行锤击时，第一敲击体1或第二敲击体5受到物体的反作用，设置在轴套2内部的碟形弹簧3和尼龙块4可以有效对锤击时产生的冲击力进行吸收弱化，减小了冲击力对工人手臂和手掌的伤害。

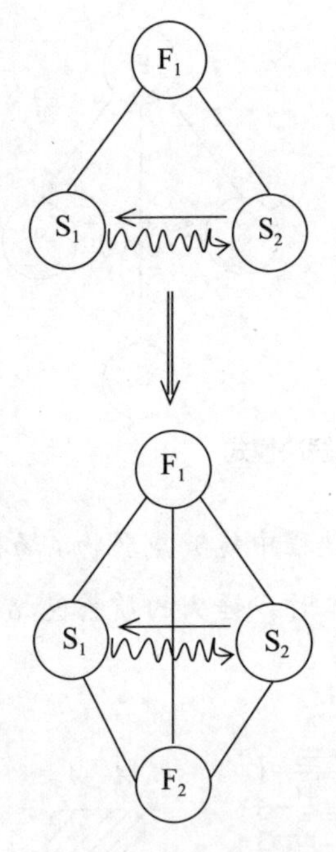

图7-25　一般解法3问题解决模式

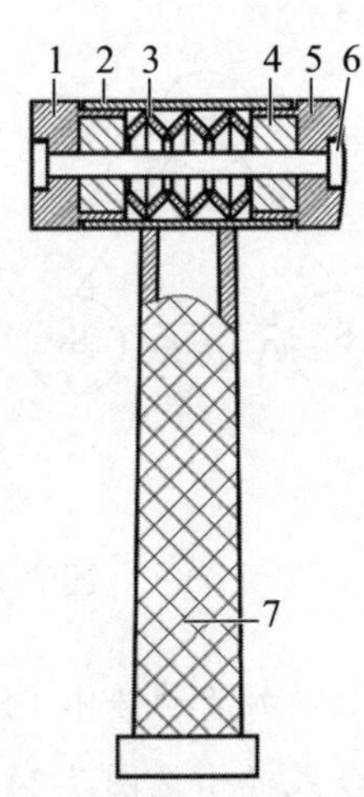

图7-26　组合锤子剖视图

1—第一敲击体；2—轴套；3—碟形弹簧；4—尼龙块；5—第二敲击体；6—铆钉；7—锤柄

【本章小结】

在TRIZ理论中，为寻找新的技术方案通常采用各种模型，这些模型反映技

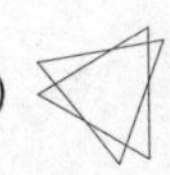

术系统发展的基本特征和规律，物 - 场分析方法就是一个针对问题建模分析的工具，通过符号语言清楚地表达技术系统（子系统）的功能，正确地描述系统的构成要素，以及构成要素之间的相互联系，也可用来分析并改进技术系统的功能。物 - 场分析的步骤是：先确定物 - 场模型的元素，建立问题的物 - 场模型，最后确定物 - 场模型的一般解法。

对于一般解法还无法解决的问题，则需要通过更仔细的分析，并运用“76 个标准解”来解决。标准解法是根里奇 • 阿奇舒勒于 1985 年创立的，共有 76 个，分成 5 级，各级中解法的先后顺序也反映了技术系统必然的进化过程和进化方向。标准解法是针对标准问题而提出的解法，适用于解决标准问题，并快速获得解决方案。标准解每一级都有对应的物 - 场模型，在解决发明问题的时候，只要将其转化为相应问题的物 - 场模型，就可以用相应级别的标准解来解决问题，具有很强的可用性。

思考题

1. 把弯曲的树干和树枝砍成碎片，树皮和木片混在一起。如果它们的密度及其他特性都差不多，而在电场中的行为表现实验显示：在电场中树皮的微粒带负电，木片的微粒带正电。请思考：怎样才能把树皮和木片分开？

2. 一个火柴工厂引进了高性能的火柴生产设备，希望达到双倍的生产率，但他们发现一个操作环节拖慢了整个进程——火柴的包装。火柴包装的要求：方向一致、固定数量、火柴质量达标、快速完成。可以考虑引入磁场，请问：如何实现以上火柴包装的要求？同样的原理，一个铁制的螺钉掉入树洞中，如何取出？请画出物 - 场模型，提出解决方案。

3. 在地面上使用锤子时，由于重力作用，敲击后的锤子不可能反弹，但是，在太空中，由于没有重力，锤子经敲击后，会以非常危险的速度向使用者反弹。对现有问题进行物 - 场分析，试思考：是否能够加入一个新物质（S_3）用来阻止有害作用？

4. 请分析构建转笔刀的物 - 场模型，指出其中的 S_1、S_2 和 F，并提出消除转笔刀导致铅芯断裂的解决方案。

5. 用锤子敲击岩石，但岩石的破裂并没有达到预期的效果。请构造“打破岩石”的物 - 场模型，并给出合理的解决方案。

6. 如图 7-27 所示是可拆卸的连接结构，其上下两个可连接部分由螺钉连接，显然，设计要素 1（图中圈 1 中的结构）在空间阻挡了设计要素 2（螺钉）的拆卸，试建立物 - 场模型，并思考如何解决上述问题。

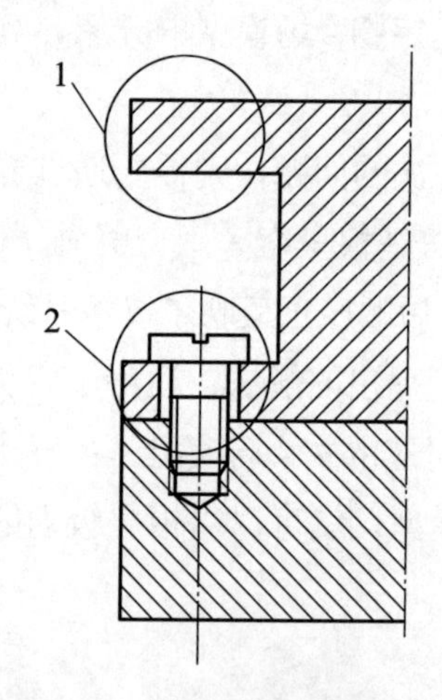

图 7-27　一种可拆卸的连接结构

第八章 技术系统的进化及其应用

【学习目标】

能力目标：

能够利用八大技术系统进化法则，简单分析和判断所研究对象的发展趋势。

知识目标：

理解八大技术系统进化法则及应用场景，了解各类技术系统的进化趋势。

素质目标：

通过学习八大技术系统进化法则，使学生具备事物发展趋势初步判断能力和辩证思维。

【知识内容】

达尔文的生物进化论是人们所熟知的生物科学的核心理论。除此之外，还存在着社会进化论和技术系统进化论，它们一起被称为“三大进化论”。技术系统进化论是构成TRIZ理论的核心内容之一。所谓技术系统的进化，就是不断地用新技术替代老技术，用新产品替代旧产品的发展过程。即：实现技术系统功能的各项内容从低级到高级变化的过程。

本章详细介绍八大技术系统进化法则，并就相关法则进行案例介绍。最后，介绍技术系统进化法则的应用，以便读者更好地掌握技术系统进化法则。

第一节　八大技术系统进化法则

一、技术系统进化概述

技术系统进化论的主要观点是技术系统的进化并非随机的，而是遵循着一定的客观的进化模式，所有的系统都是向“最终理想化”进化的，系统进化的模式可以在过去的专利发明中被发现，并可以应用于新系统的开发，从而避免盲目地尝试和浪费时间。

技术系统进化论以进化法则的形式进行表述，主要有著名的八大进化法则，这些法则可以用来解决技术难题，预测技术系统发展趋势。这八大法则为：技术系统的S曲线进化法则；技术系统的提高理想度法则；子系统的不均衡进化法则；动态性和可控性进化法则；增加集成度再进行简化法则；子系统协调性进化法则；向自动化方向进化法则；向微观级和场应用的进化法则。

与TRIZ理论中的其他内容相比，技术系统进化理论还不算是非常成熟的理论，还有许多值得进一步研究和发展的地方。也正是因为如此，对于技术系统的进化法则，在阿奇舒勒提出的进化模式的基础上，不同的TRIZ研究者提出了不同的体系和版本，造成了对技术系统进化法则表述上的差异。例如，有学者提出了九大进化法则，也有学者提出了十大进化法则等。本章将介绍经典的八大技术系统进化法则。

二、技术系统的S曲线进化法则

阿奇舒勒通过对大量的发明专利进行分析，发现所有产品向最先进功能进化时，都有一条“小路”引领着它前进。这条“小路”就是进化过程中的规律，即所谓的S曲线。任何一种产品、工艺或技术都在随着时间向着更高级的方向发展和进化，并且它们的进化过程都会经历相同的几个阶段，其规律满足一条S形的曲线，S曲线完整地描述了一个产品从孕育、成长、成熟到衰退的变化规律。

S曲线也可认为是一条产品技术成熟度预测曲线。图8-1是一条典型的S曲线，S曲线描述了一个技术系统的完整生命周期，图中的横坐标为时间，纵坐标为技术系统的某个重要的性能参数（可用39个工程参数表述）。S曲线描述的是一个技术系统中的诸项性能参数的发展变化规律。

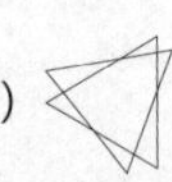

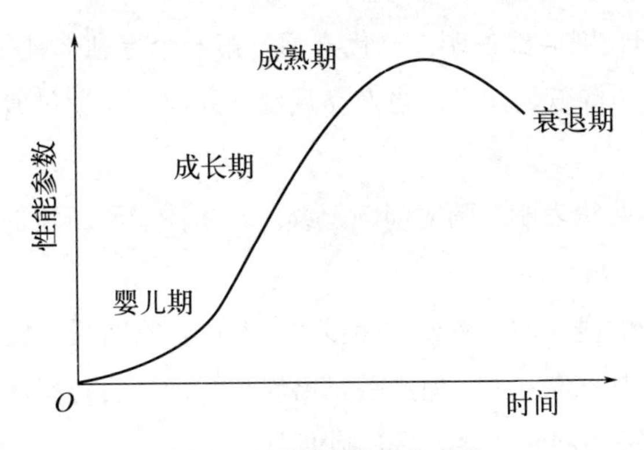

图 8-1　技术系统的 S 曲线

每个技术系统的进化都按照生物进化的模式进行，一般都要经历以下 4 个阶段：婴儿期、成长期、成熟期、衰退期，每个阶段都会呈现出不同的特点。阿奇舒勒从性能参数、专利等级、专利数量、经济收益四个方面，来描述技术系统在各阶段所表现出来的特点，如图 8-2 所示。

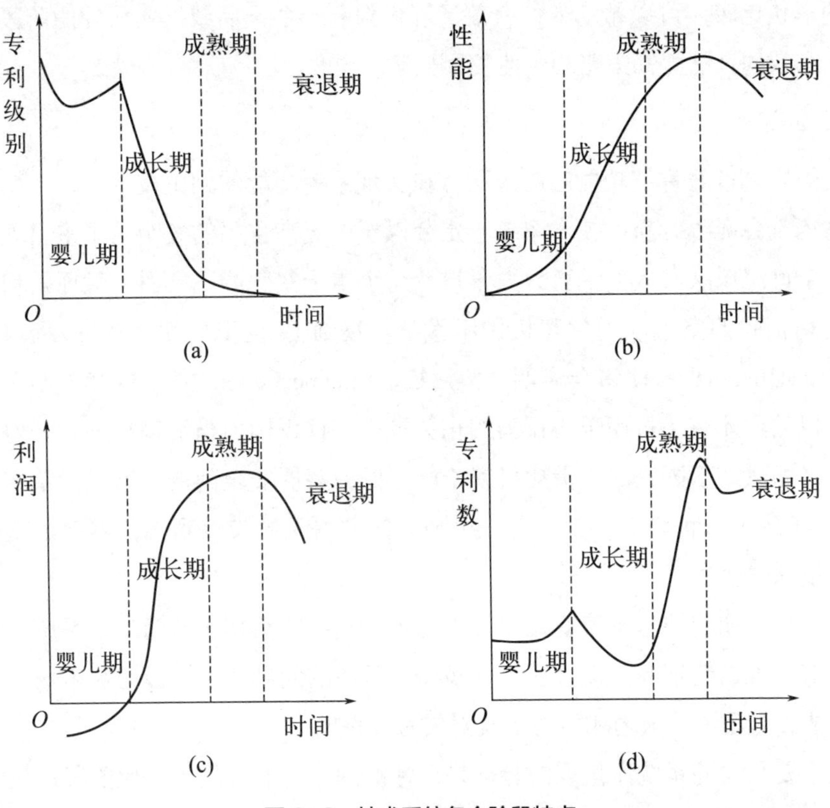

图 8-2　技术系统各个阶段特点

① 时间 - 专利级别曲线说明：一代产品的第一个专利往往是高级别的专利，后续的专利级别逐步降低，但是，当产品从婴儿期向成长期过渡时，会有一些高级别的专利出现。

② 时间 - 性能曲线表明：随时间的延续，产品性能不断增加，但是，到了衰退期后，其性能很难再有所增加。

③ 时间 - 利润曲线表明：企业开始投入产品时，只有投入没有赢利，到成长期，产品虽然还需进一步完善，但产品已出现利润，之后利润逐年增加，到成熟期的某一时间达到最大利润，之后又开始下降。

④ 时间 - 专利数曲线表明：婴儿期专利数较少，在成熟期曲线拐点处达到最大值，在此之前，很多企业都为此产品的不断改进而投入，在此之后，该产品已进入衰退期，企业进一步增加投入已没有什么回报，所以专利数降低。

如果能收集当前产品的有关数据就能建立这四条曲线，当然这要经过一个比较复杂的分析过程和十分巨大的工作量来实现，通过所建立曲线的形状与这四条曲线的形状比较，可以帮助人们有效了解和判断一个产品或行业所处的阶段，从而制订有效的产品营销策略和企业发展战略。

1. 婴儿期

当外界具备对系统功能的需求和存在实现系统功能的相关技术时，一个新的技术系统就会诞生。新的技术系统一定会以一个更高水平的发明结果来呈现。比如，几个世纪以来，人们一直致力于设计一个重于空气的飞行器，然而，和人类飞行密切相关的空气动力学和机械工程学，直到 18 世纪后期才逐渐发展起来。自从 Otto Ulientha 在 1848 年发明了滑翔机，Etienne Lenoir 在 1859 年发明了汽油发动机以后，才有了可用于飞行器的相关技术。仅仅因为当滑翔机的“升力”突然消失（即风速下降）时，滑翔机就不能很好地解决安全问题，所以，莱特兄弟在 1903 年想出一种新的办法：把一个独立的动力系统安装到飞行器上，这样一项新的技术就诞生了。

处于婴儿期的技术系统明显地处于初级，系统的结构比较简单，系统整体效率比较低，可靠性不高，而且还有很多没有解决的问题。因为没有被市场全面认可，不能投入足够的人力和财力，其发展是缓慢的。

处于婴儿期的系统所呈现的特征是：性能的完善非常缓慢，此阶段产生的专利级别很高，但专利数量较少，系统在此阶段的经济收益为负，如图 8-2 所示。

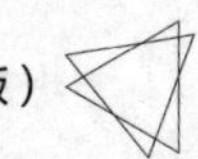

2. 成长期

进入成长期的技术系统，原来存在的各种问题逐步得到解决，效率和产品可靠性得到较大程度的提升，其价值开始获得社会的广泛认可，市场潜力也开始显现，从而吸引了大量的人力、财力投入，推进技术系统获得高速发展。如前面所提到的飞机，在 1914 年，发生了两件刺激飞机快速发展的重大事件：第一件事就是第一次世界大战爆发，导致对于飞机的特殊需求；第二件事就是经济和技术的发展，使飞机设计越来越成为可能，从 1914 年到 1918 年短短 4 年时间，飞机的研制速度得到了很大的提高。

处于成长期技术的拥有者和开发者在竞争上处于绝对的优势，未来能获得巨大的财富。例如，当第二代苹果计算机还处于婴儿期时，安装有工作软件的第一代苹果计算机已成为畅销产品，所以，对于处于该阶段的产品，应对其结构不断创新，参数不断进行优化，使其尽快成熟，为企业带来利润。从图 8-2 可以看到，处于第 2 阶段的系统，性能得到急速提升，此阶段产生的专利级别开始下降，但专利数量出现上升。产品在此阶段的经济收益快速上升并凸显出来，投资人数迅速增加，促进技术系统的快速完善。

3. 成熟期

在大量人力、财力支持下，技术系统快速地从成长期进入成熟期，这时技术系统已经趋于完善，性能水平达到最高。成熟期是产品获利的时机，企业在保证质量、降低成本的同时，制造与销售该类产品，可为企业赚取可观利润。

此时，企业需要知道系统将很快进入下一个阶段——衰退期，经营者需要着手布局开发新的替代产品，制订相应的企业发展战略，以保证本代产品退出市场时，有新的产品来承担起企业发展的重担，使企业在未来市场竞争中取胜。

4. 衰退期

处于衰退期的产品可能会出现技术处于完全落后的状态。此时技术系统已达到极限，不会再有新的突破，该系统因不再有需求的支撑而面临市场的淘汰，如手动打字机及电报机的退出，该技术系统将被新开发出来的技术系统所取代。从图 8-2 可以看到，处于衰退期的系统，其性能参数、专利等级、专利数量、经济收益均呈现快速下降趋势。

如图 8-3 所示，当技术系统 A 的进化完成 4 个阶段以后，即使对成熟期的系统 A 再增加投入，也不会取得明显收益。此时，企业应转入研究、开发一个新的技术系统 B、C 来替代它，新系统 B 开始其新的生命周期，即现有技术替代了老技术，新技术又替代了现有技术，如此不断地替代，就形成了 S 形曲线簇。以汽车进化的 S 曲线簇为例，下一代汽车（系统 B 的 S 曲线）是混合动力汽车。当然，这种技术也有其功能极限。第三条 S 曲线（系统 C 的 S 曲线）会是以燃料电池汽车开始的。

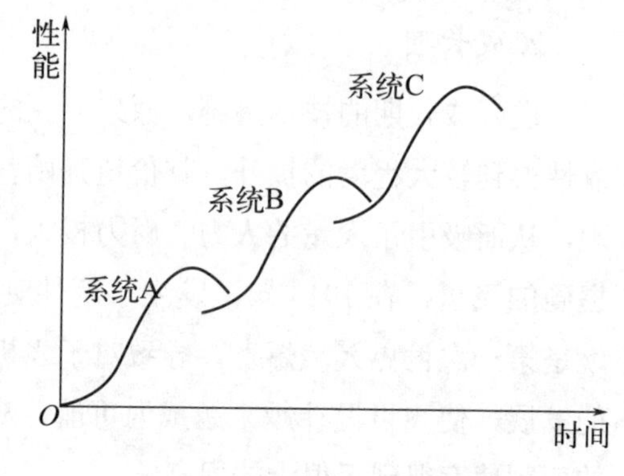

图 8-3　技术系统的 S 曲线簇

三、技术系统的提高理想度法则

所谓技术系统的理想度法则，是指技术系统朝着提高系统理想度的方向进化。一个技术系统在实现功能的同时，必然有两方面的作用：有用功能和有害功能。系统的理想化用理想度来进行衡量。

理想度衡量公式：

$$I = \frac{\Sigma F_{\mathrm{U}}}{\Sigma C + \Sigma F_{\mathrm{H}}} \tag{8-1}$$

式中　I——理想度；

$\sum F_{\mathrm{U}}$——有用功能之和；

$\sum C$——成本之和（如材料、时间、空间、资源、复杂度、能量、重量等）；

$\sum F_{\mathrm{H}}$——有害功能之和。

可见增加理想度 I 有以下 6 个方式：

① 通过增加新的功能，或从超系统获得功能，增加有用功能的数量；

② 传输尽可能多的功能到工作元件上，提高有用功能的等级；

③ 利用内部或外部已存在的可利用资源，尤其是超系统中的免费资源，以降低成本；

④ 通过剔除无效或低效率的功能，减少有害功能的数量；

⑤ 预防有害功能，将有害功能转化为中性的功能，减轻有害功能的等级；

⑥ 将有害功能转移到超系统中去，不再为系统的有害功能。

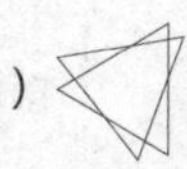

理想度公式告诉我们，应该正确识别每一个技术系统中的有用功能和有害功能，但是，确定理想度比值还是有一定的局限性，通常我们很难量化人类为环境污染所付出的代价，以及环境污染对人体生命所造成的损害。

那么，按照理想度概念，最理想的技术系统应该是：该系统作为物理实体并不存在，也不消耗任何的资源，但是却能够实现所有必要的功能，即物理实体趋于零，功能趋于无穷大。这是技术系统理想化的最终结果。

理想化是系统的进化方向，不管是有意改变还是系统本身的进化发展，系统都是在向着更理想的方向发展。

四、子系统的不均衡进化法则

所谓子系统不均衡进化法则，是指任何技术系统的子系统进化都是不均衡的。因为，改进某一特定参数，必须使这一参数所从属的子系统完美化，故其进化比其他子系统要迅速。这个子系统进化又对其他子系统具有直接或间接的影响，其他不理想的子系统不能全面满足对系统日益改善的要求，因而产生矛盾。一个或几个子系统资源的枯竭加剧了这种矛盾，此时系统中就会出现技术矛盾和物理矛盾，系统内的矛盾使得系统功能指标的成本高到不合理的程度。矛盾的最终解决将使系统跃迁到新的进化阶段，整个系统的理想度得到提高。这个法则，在技术系统发展和进化的各个阶段都适用。掌握了子系统的不均衡进化法则，可以帮助我们及时发现并改进系统中最不理想的子系统，从而提升整个系统的进化阶段。比如，计算机、汽车的发展和更新换代，恰恰是由于某些零部件技术的不均衡发展引起的。

要充分理解子系统不均衡法则，需要关注以下几点：

① 每个子系统都是沿着自己的 S 曲线进化的；

② 不同的子系统将依据自己的时间进度进化；

③ 不同的子系统在不同的时间点到达自己的极限，这将导致子系统之间矛盾的出现，需要考虑系统的持续改进来消除矛盾；

④ 系统中最先到达其极限的子系统将抑制整个系统的进化，系统的进化水平取决于此子系统，所以需要人们及时发现并改进最不理想的子系统。

技术系统进化的速度取决于最不理想子系统的进化速度，而通常设计人员容易犯的错误是花费精力专注于系统中已经达到比较理想程度的重要子系统，而忽略了“木桶效应”中的短板，结果导致整个系统的发展缓慢。

五、动态性和可控性进化法则

技术系统的进化应该朝着结构柔性、可移动性、可控性增加的方向发展，以适应环境状态或执行方式的变化，从而满足用户多重需求。提高系统的动态性是指以更大的柔性和可移动性来获得功能的实现，而提高系统的动态性则要增加可控性。增加系统的动态性和可控性的路径很多，主要有以下 3 个路径。

1. 提高柔性的路径

本路径的技术进化过程如图 8-4 所示：刚性体→单铰链→多铰链→柔性体→液体 / 气体→场。

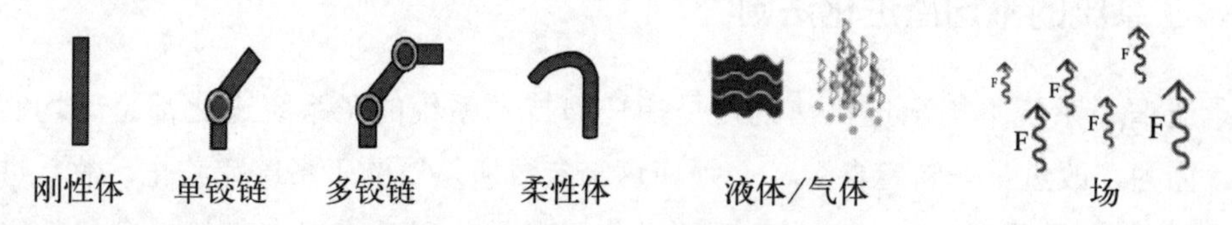

图 8-4　提高系统柔性的进化过程

例如：切割技术的进化。

如图 8-5 所示，进化过程：刀→剪刀→钢筋钳→线切割机→水切割→激光切割。

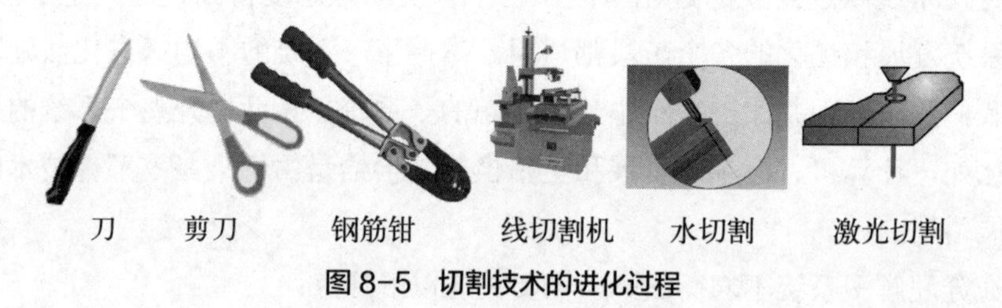

图 8-5　切割技术的进化过程

例如：机械传动系统的进化。

如图 8-6 所示，进化过程：链传动→带传动→液压传动→磁场传动。

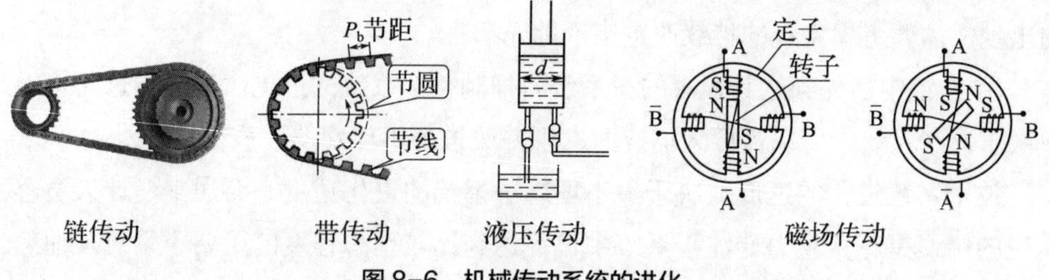

图 8-6　机械传动系统的进化

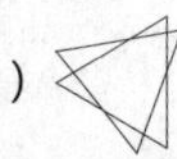

2. 提高可移动性路径

技术系统的进化应该沿着提高系统整体可移动性增强的方向发展。本路径反映了下面的技术进化过程：固定→可移动→随意移动。在我们的日常生活中，有很多这样的实例。

例如：清扫工具进化。

进化路径是：扫帚→吸尘器→清扫机器人。

3. 提高可控性路径

技术系统的进化将沿着系统内各部件的可控性增加的方向发展。通过可控性增加，系统能够向着更易操作、更智能的方向发展。

本路径的技术进化过程：无控制→直接控制→间接控制→反馈控制→自我调节控制。

例如：路灯的进化。

① 直接控制——每个路灯都有开关，由专人负责定时开闭；

② 间接控制——用总电闸控制整条线路路灯的开关；

③ 引入反馈控制——通过感应光亮度控制路灯的开闭；

④ 自我调节控制——通过感应周围的生物红外线来控制，有人通过时因生物红外线感应缘故灯开启；

⑤ 远距离控制——当道路上某一个 LED 灯坏了，可通过网络通知维修人员更换修理。

六、增加集成度再进行简化法则

增加集成度再进行简化法则，是指技术系统首先趋向于集成度增加的方向发展，紧接着再进行简化的进程。通常先集成系统功能的数量和质量，然后用性能更好、更简单的系统来替代先前的集成系统。该进化主要存在以下 4 种路径。

1. 增加集成度的路径

增加集成度的路径经历了以下阶段：创建功能中心→附加或辅助子系统加入→通过分割、向超系统转化或向复杂系统的转化来加强易于分解的程度。

2. 简化路径

本路径反映了下面的技术进化阶段。

① 通过选择实现辅助功能的最简单途径来进行初级简化；

② 通过组合实现相同或相近功能的元件来进行部分简化；

③ 通过应用自然现象或“智能”物替代专用设备来进行整体的简化。

3. 单 - 双 - 多路径

本路径的技术进化阶段：单系统→双系统→多系统。

双系统又分为单功能双系统、多功能双系统、局部简化双系统和完整简化双系统，多系统包括单功能多系统、多功能多系统、局部简化多系统、完整简化的多系统。

技术系统依靠子系统的逐一加入，使系统向更多功能的方向发展。

例如：洗衣机的进化。

进化路径是：单功能单桶洗衣机→洗、甩双功能双桶洗衣机→洗衣和甩干合二为一的单桶洗衣机→洗、甩、烘干等多功能单桶洗衣机。

4. 子系统分离路径

技术系统进化到极限时，它实现某项功能的子系统会从系统中剥离，转移至超系统，作为超系统的一部分。在该子系统的功能得到增强改进的同时，也简化了原有的技术系统。向超系统进化有两种方式：一是使技术系统和超系统的资源组合；二是让系统的某子系统，被容纳到超系统中。

例如：飞机燃油系统向超系统进化——空中加油机，如图 8-7 所示，飞机长距离飞行时，需要在飞行中加油。最初副油箱是飞机的一个子系统，进化后副油箱脱离了飞机，进化至超系统，以空中加油机的形式给飞机加油。飞机系统得到了简化，不必再携带数百吨的燃油。

图 8-7　飞机燃油系统向超系统进化——空中加油机

七、子系统协调性进化法则

所谓技术系统的子系统协调性进化法则，是指在技术系统的进化中，子系统的匹配和不匹配交替出现，以改善性能或弥补缺陷。也就是说，技术系统向着其子系统各参数协调、系统参数与超系统各参数相协调的方向发展进化。进化到高

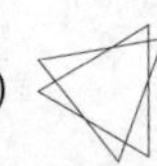

级阶段的技术系统的特征是：子系统为充分发挥其功能，各参数之间要有目的的相互协调或反协调，能够实现动态调整和配合。

子系统间的协调性是整个技术系统能发挥其功能的必要条件，子系统间的协调性可以表现在形状、工作节奏、频率和性能参数等方面的相互协调。

1. 形状协调

例如：螺母与螺栓形成的螺纹连接；齿轮的啮合传动；插头与插座孔之间的配合；汽车车门与车身的协调等。

2. 工作节奏、频率上的协调

例如：混凝土浇筑工作过程。

建筑工人在混凝土浇筑过程中，总是一边灌混凝土，一边用振荡器进行振荡，使混凝土由于振荡的作用而变得更密实。

例如：电扇噪声的消除。

英国研制出了一种没有噪声的电扇，里面安装有麦克风和扩音器：麦克风捕获电机和叶片的噪声，通过电子组件转换成相反相位声音，并被扩音器再次播放出来，噪声就被彻底消除了。

3. 性能参数的协调

例如：网球拍重量与力量的协调。

较轻的网球拍使用灵活，较重的网球拍能产生更大的挥拍力量，因此，打网球时需要考虑两个性能参数的协调。于是将网球拍整体重量降低，提高了灵活性，同时增加网球拍头部的重量，保证了挥拍的力量。

八、向自动化方向进化法则

技术系统向自动化方向进化，意味着减少那些机械的、重复的人工介入，通过机器实现那些枯燥的功能，以解放人们去完成更具有创造性的工作，提高技术系统的经济效益。

技术系统在向自动化方向进化时，通常按照在同一水平上和不同水平间减少人的参与来进化。在同一水平上减少人参与的路径主要包含以下阶段：人工作用的系统→用执行机构替代人工→用能量传输机构替代人工→用能量源替代人工。在不同水平间减少人参与的路径主要包含以下技术进化阶段：人工作用的系统→用执行机构替代人工→在控制水平上替代人工→在决策水平上替代人工。例如，在决策水平上，采用各种传感器代替人对信息的感知，利用装置采集、处理、分析过程信息与决策。

例如：电子警察的进化。

电子警察是利用光、电、机等先进技术手段合成的，以及对道路交通显见性的动、静态（违法）行为进行指挥、监控、现场抓拍，并加以处理的装置或系统。电子警察的主要功能和产品包括：车辆闯红灯监测仪、车辆超速检测仪、车辆逆行违章检测仪、道路卡口系统、车牌自动识别系统、城市道路综合监控系统等。电子警察的发展经历了胶片相机→数码相机→视频监控系统，可以说，目前已发展到了在决策水平上减少了人参与的阶段。

九、向微观级和场应用的进化法则

技术系统从宏观系统向微观系统进化发展过程中，沿着减小它们尺寸的方向进化。技术系统的元件，倾向于达到原子和基本粒子的尺度，并使用不同的能量场来获得更佳的性能或控制性，进化的终点意味着系统的元件已经不作为实体存在了。该进化主要存在以下四种路径。

1. 向微观级转化的路径

技术系统向微观级转化主要体现在以下三个方面：

① 宏观级的系统向微观级转化；

② 由通常形状的平面系统向立体系统转化；

③ 高度集成系统向高度分离的子系统（如粉末、颗粒等）、次分子系统（泡沫、凝胶体等）、化学相互作用下的分子系统、原子系统转化。

例如：音乐播放器的进化。

音乐播放器在电子科技高度发展的今天，已经不是什么新奇的产品了，不过在 20 世纪 80 年代，当第一台随身听（磁带播放器）面世的时候，也轰动了世界。如今音乐播放器已经有了翻天覆地的变化，这种变化体现了随身听向尽可能小、尽可能轻薄的方向进化。如图 8-8 所示，其进化路径为：留声机→音乐播放

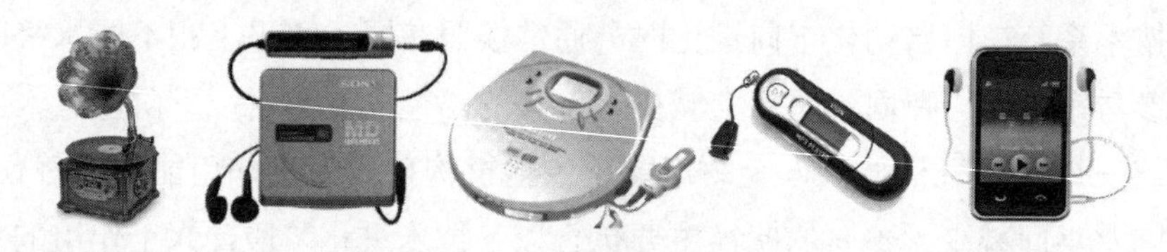

图 8-8　音乐播放器的进化

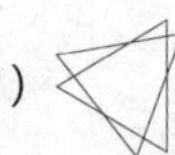

器→ CD 播放器→ MP3 播放器→智能手机播放器。

2. 向具有高效场的路径转化

突破机械场，向热场、磁场、电场、化学场和生物场等复合场作用的路径转化。本路径的技术进化阶段可表示为：应用机械交互作用→应用热交互作用→应用分子交互作用→应用化学交互作用→应用电子交互作用→应用磁交互作用→应用电磁交互作用和辐射。

3. 向增加场效率的路径转化

本路径的技术进化阶段：应用直接的场→应用有反方向的场→应用有相反方向的场的合成→应用交替场 / 振动 / 共振 / 驻波等→应用脉冲场→应用带梯度的场→应用不同场的组合作用。

4. 向系统分割的路径转化

本路径的技术进化阶段：固体或连续物体→有局部内势垒的物体→有完整势垒的物体→有部分间隔分割的物体→有长而窄连接的物体→用场连接零件的物体→零件间用结构连接的物体→零件间用程序连接的物体→零件间没有连接的物体。

第二节 技术系统进化法则的应用

技术系统的八大进化法则指明了技术系统进化的一般规律，它是 TRIZ 理论中解决发明问题的重要指导原则，使用好进化法则，可有效提高问题解决的效率，预测技术系统发展趋势，同时进化法则还可以应用到其他很多方面，下面简要介绍 6 个方面的应用。

一、产生市场需求

传统的产品需求是通过基于现有产品和用户需求的市场调查，其问卷的设计和调查对象的确定在范围上非常有限，导致市场调查所获取的结果存在一定的不足，而技术系统进化法则是通过对大量的专利信息及技术发展的历史进行研究得出的，具有客观性和不同领域的普适性。技术系统的进化法则可以帮助市场调查人员和设计人员，从进化趋势中确定产品最有希望的进化路径，引导用户提出基于未来的需求，实现市场需求的创新。

二、技术成熟度预测

技术预测包含一个重要内容，那就是产品进化曲线—— S 曲线，用于表示产品从诞生到退出市场这样一个生命周期的基本发展过程，S 曲线有助于了解技术系统的成熟度，辅助企业做出恰当的研发决策。对于 S 曲线的四个阶段，婴儿期和成长期一般代表该产品处于原理实现、性能优化和商品化开发阶段，到了成熟期和衰退期，则说明该产品技术发展已经比较成熟，盈利逐渐达到最高并开始下降，需要开发新的替代产品。随着产品的不断更新换代，形成了该类产品的进化曲线簇。因此，针对目前的产品，技术系统的进化法则可为研发部门提出如下的预测。

① 对处于婴儿期和成长期的产品，应加大资金和人力的投入，对本产品的结构、参数进行优化，促使其尽快成熟，为企业带来利润。同时，也应尽快申请专利进行产权保护，以使企业在今后的市场竞争中处于有利的位置。

② 对处于成熟期或衰退期的产品，避免投入大量人力物力进行改进设计，同时应关注于开发新的核心技术，以替代已有的技术，推出新一代的产品，保持企业的持续发展。

③ 确定符合技术进化趋势的技术发展方向。

④ 基于技术系统的不均衡进化法则，定位系统中最需要改进的子系统，以提高整个产品的水平。

⑤ 从超系统的角度定位产品可能的进化模式。

三、预测开发新技术

产品的基本功能在产品进化的过程中基本不变，但其他的功能需求和实现形式一直处于持续的进化和变化中，特别是一些令消费者满意的功能变化得非常快。因此，基于技术系统进化法则对现有产品分析的结果，可用于功能实现的分析，从而找出更好的功能实现结构，帮助开发设计人员完成对技术系统或子系统的改进设计。

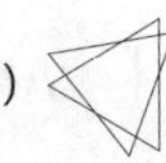

四、实施专利布局战略

技术系统的进化法则，可以有效确定未来的技术系统走势，对于当前还没有市场需求的技术，可以事先进行有效的专利布局，以保证企业未来的长久发展空间和经济收益。

所谓专利战略是指与专利相联系的，用于谋求最大利益，指导企业在经济、技术领域的竞争而采取的一系列措施和手段。企业层面的专利战略是指导企业在相关技术经济领域开展竞争的、具有一定前瞻性的系统研究，也是企业求生存、求发展的经营战略的一部分。它包括以下两层含义：第一，专利战略的对象，即某一技术领域有市场价值的、已获得专利权的专利技术或已申请专利和欲申请专利的技术；第二，专利战略的目标，以市场为中心，开拓市场并占领和垄断市场，最终取得市场竞争的有利地位，获取最大利益。

五、选择企业战略实施的时机

一个企业也是一个技术系统，一个成功的企业战略能够将企业带入一个快速发展的时期，完成一次 S 曲线的完整发展过程。但是，当这个战略进入成熟期以后，将面临后续的衰退期，所以企业面临的是下一个战略的制订。而且，随着科学技术飞速发展，企业之间竞争的核心已经不是产品和服务，而是技术创新的竞争。企业技术创新的核心是将新技术应用于生产，使之转化为现实生产力，创造出更大的经济效益。

由于技术系统是沿着 S 曲线演化的，因此，与企业相关的核心技术需要有预测性的演化分析，找到产业竞争环境与企业技术机会的结合点，完成企业在制订技术战略前的战略分析，选择好战略实施的时机。通常很多企业无法跨越 20 年的持续发展，究其原因之一是忽视了企业也是在按 S 曲线的 4 个阶段完整进化的，企业没有及时进行有效的下一个企业发展战略的制订，没有完成 S 曲线的顺利交替，以致被淘汰出局，退出历史舞台，所以，企业在一次成功的战略制订后，在获得成功的同时，不要忘记 S 曲线的规律，需要在成熟期开始着手进行下一个战略的制订和实施，从而顺利完成下一个 S 曲线的启动，实现企业的可持续发展。

六、利用技术系统进化法则进行产品研发

利用技术系统进化法则进行产品研发，可以有如下几个步骤。

① 分析具体产品的现状并提出问题。

② 搜集市场同类产品的下列四方面数据并绘制曲线：

a. 同类产品历年获得有关专利的数量；

b. 同类产品历年获得有关专利中，各专利所处技术水平等级（分为 5 级）；

c. 同类产品历年市场的销售情况和利润情况；

d. 同类产品历年性能指标提升的情况。

③ 根据上述资料，分析得出本产品在技术进化 S 曲线中的地位，是处于婴儿期、成长期、成熟期的哪一个时期，评判是否有进化的必要。

④ 根据技术系统进化法则，考虑实现产品进化的途径，选定阶段性的理想化目标，物色产品中的关键技术并做创新改进。

⑤ 对解决方案和解决效果进行评估，把技术创新转化为产品创新，确定后期发展方向。

第三节　技术系统进化法则应用实例

一、技术系统的 S 曲线进化法则的体现

技术系统发展总是遵循从婴儿期、成长期、成熟期到衰退期这样循环往复的发展过程，且新系统与老系统的各时期会彼此交叠、同时存在，形成 S 形进化曲线。如图 8-9 所示，以传统木制坐具的技术系统进化为例，木制坐具的婴儿期出现在古埃及，是法老的御用家具，存世极少；随后的成长期应为古希腊，出现了克里斯姆斯椅，产量加大但样式不多；木制坐具最辉煌的成熟期应为欧洲巴洛克、洛可可时期与中国明清时期，这时的木制坐具已经具备美观的样式与完备的功能，而且成为民众广泛使用的家具之一；工业革命之后，随着新材料与新工艺的不断出现，金属、塑料渐渐替代木材成为坐具的主要材料，木制坐具渐渐走入衰退期。

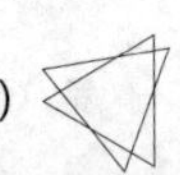

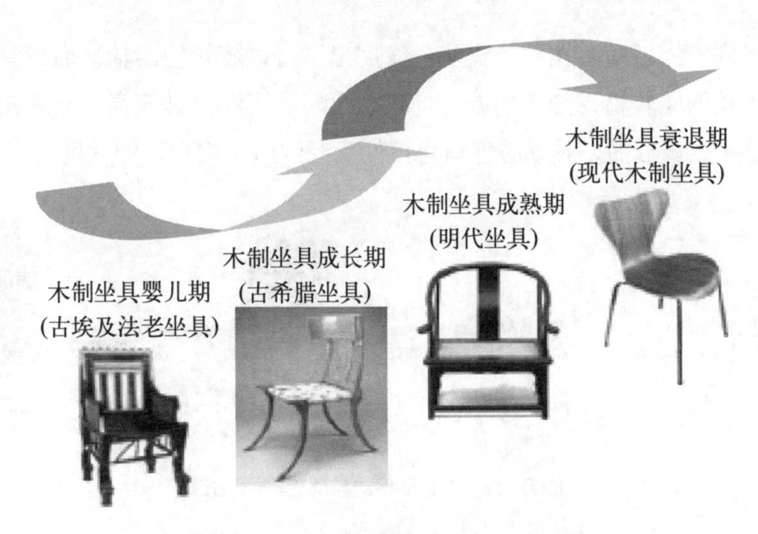

图 8-9　木制坐具技术系统进化 S 曲线

二、子系统的不均衡进化法则的体现

每个技术系统都由若干实现功能的子系统组成，各子系统之间的进化速度是不同的，系统的进化速度受进化最慢的子系统制约，所以及时改进进化最慢的子系统，有助于提高系统的进化速度。以轮椅发展为例，早期的轮椅在很长的一段时间内都是由人力驱动的，虽然电动机很早就已被发明出来，但是充当动力元件的蓄电池的发展速度较慢，电动轮椅的设想很早便有，却始终无法成为现实。1994 年日本新力电池公司开发出锂离子电池后，这种质量能为 100Wh/kg（传统铅酸电池只有 30Wh/kg）的新型蓄电池，才打破了电动轮椅发展的瓶颈，为轻便电动轮椅（图 8-10）的普及开创了条件。

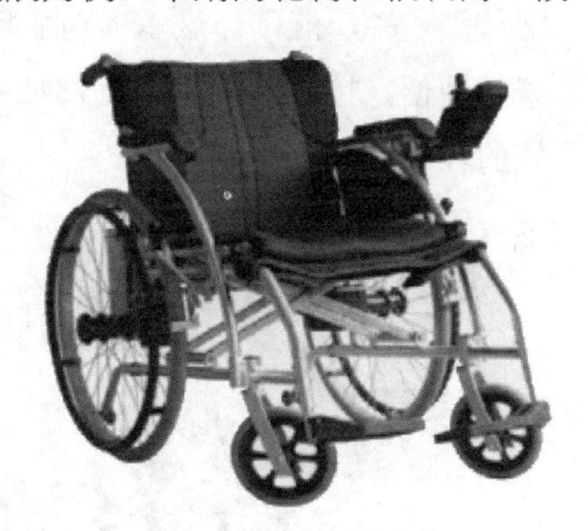

图 8-10　轻便电动轮椅

三、动态性和可控性进化法则的体现

系统的进化应沿着结构柔性、可移动性、可控性增加的方向发展，以适应环境状况与执行方式的变化。以办公椅为例，如图 8-11 所示。早期的办公椅与家具坐具的区别不大；随着技术的进步，发展出了可以旋转的转椅；而后又进化出了底部带滚轮的轮转椅；如今的办公椅不但可转、可移，其座高、靠背角度、扶手高度都是可以调节的，其动态性与可控性已经到达了相当好的程度。

图 8-11　办公椅移动与调节功能进化图

四、增加集成度再进行简化法则的体现

系统进化是沿着从单系统、双系统、多系统到超系统（剥离出原有系统的子系统）进行的，从而系统的进化呈现出增加集成度再进行简化的发展特点。以按摩椅为例，早期的按摩椅只是简单的在一般坐具上安装按摩垫，从而实现按摩功能。如图 8-12 所示，如今的按摩椅已集成了按摩、坐姿调节、温度调节、多媒体播放等多种功能，而这多种功能随着技术的进步已经可以实现高度集成，外观越来越轻便，控制元件也经剥离原系统而单独存在（表现为遥控器），实现向超系统的转化。

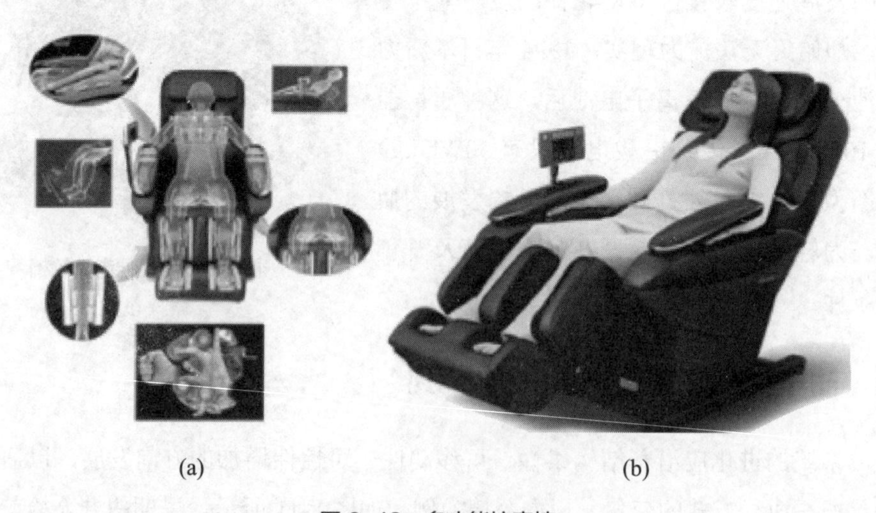

(a)　　(b)

图 8-12　多功能按摩椅

五、子系统协调性进化法则的体现

系统进化向各子系统在功能结构、性能参数、工作频率等方面协调发展的方向进行。这里以沙发为例，沙发的内部弹性支撑最早为弹簧，虽然基本可以实现功能，但是存在摩擦噪声与弹性不均的弊端；随着布袋弹簧的出现，系统更加协调，噪声问题得到了很好的解决；而如今的沙发已经采用发泡材料填充，如图 8-13 所示，更好的实现了功能结构、性能参数与工作频率的协调。

图 8-13　慢回弹发泡材料

六、向微观级和场的应用进化法则的体现

系统进化沿着减小其尺寸或减少其元器件方向发展，微型元件与场效应的应用可以为系统进化提供可能性。这里以餐椅为例，餐椅是就餐时的坐具，常需要搬动，理论上越轻便越好。如图 8-14 所示，历史上著名的餐椅之一托耐德 14 号椅，采用蒸汽弯木技术极大地减轻了餐椅的重量，后来层压胶合板的出现，催生了更加轻便的餐椅，如丹麦著名设计师雅各布森设计的蚂蚁椅。玻璃钢的出现又推动了更加简洁的潘顿椅的产生，在保证功能的条件下，尽量减小部件，已成为现代家具设计的主要设计思路。

图 8-14　餐椅部件简化图

七、向自动化方向进化法则的体现

技术系统向自动化方向发展，智能化是未来系统的发展目标。以驾驶椅为例，智能化已成为其发展的方向，如图 8-15 所示，目前已经开发出了内置呼吸传感器的驾驶椅，可以检测驾驶员是否在打瞌睡，并通过警报提醒，防止由此导致的交通意外事故的发生。

图 8-15　智能化驾驶椅

八、坐具的进化方向预测

通过对坐具技术系统进化的分析，我们可以结合现今材料、能源、信息技术，预测出坐具进化的方向。

1. 材料方面

随着塑料的发展与成熟，金属、木材等传统材料的使用渐渐步入衰退期，现今的塑料功能日趋完善，并且具备诸多传统材料无法比拟的特性（如可塑性、透明性、无限着色性等），高透明度的聚碳酸酯、柔软透气的聚氨酯、强度极高的聚甲醛、极度耐腐的聚四氟乙烯，各种具备优良特性的塑料为坐具设计提供了太多的可能性，所以塑料在坐具中更为广泛的使用应当是坐具发展方向之一，甚至全塑坐具会进一步替代现今多种材料复合应用坐具，而且这种使用应具备高度复合化、轻便化的特点。

2. 能源方面

随着第二代电池（镍氢电池、镍锌电池、锂离子电池）与燃料电池（碳氢化合物电池、锌氧电池）、无线充电技术，以及微电子技术的发展，多功能化将成为未来坐具的发展方向，按摩、加热、多媒体娱乐、上网、移动都将变得更为容易，并且这些功能元件将会变得越来越小，越来越轻，经久耐用。像如今市场上的大型按摩椅与大型电动轮椅都将被淘汰，功能多样且结构简单、体积小巧的坐具会成为市场的主流。

3. 信息技术

随着感测与识别技术（多点触摸、语音输入、手势识别）、传递技术（蓝牙、WiFi、5G）、存储技术（闪存、网络存储）、处理技术（低功率多核心微处理器）、

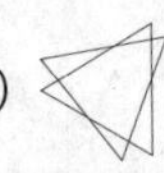

显示技术（柔性屏幕、便携投影、3D 显示）的发展，智能化也将成为未来坐具的发展方向，未来坐具与电脑的结合将会成为趋势，智能坐具将具备更多的人性关怀，操作也将变得更加容易。

【本章小结】

技术系统的八大进化法则指明了技术系统进化的一般规律，它是 TRIZ 理论中解决发明问题的重要指导原则，使用好进化法则，可有效提高问题解决的效率，预测技术系统发展趋势，帮助市场调查人员和设计人员从进化趋势中确定产品最有希望的进化路径，实现市场需求的创新；帮助开发设计人员完成对技术系统或子系统的进化设计，实现更好的功能结构；指导企业实施专利布局战略和选择企业战略实施的时机。

思考题

1. 八大技术系统进化法则主要包括哪些？
2. 举出 1～2 个提高理想度法则的例子。
3. 什么是 S 曲线？ S 曲线有什么作用？
4. 举出 1～2 个符合提高柔性进化路线的例子。
5. 请尝试预测自行车、轴承的未来技术发展方向。

第九章

TRIZ+AI模式

【学习目标】

能力目标：

能够通过 TRIZ+AI 模式解决工程和技术问题，利用创新灵感启发程序生成有效的解决方案；

能够利用动态矛盾矩阵和多元灵感推送模式解决复杂技术问题；

提高利用大语言模型对话功能进行问题细化和解决方案优化的能力。

知识目标：

理解 TRIZ 理论的基本概念和应用方法，掌握其在现代技术环境中的扩展与应用；

熟悉动态矛盾矩阵的工作原理及其在 TRIZ+AI 模式中的具体应用；

了解大数据分析在创新过程中的重要作用，以及多元灵感推送模式的运作机制。

素质目标：

通过创新思维和解决问题的综合能力训练，提升在多变技术环境中进行有效创新的素质；

通过新技术和工具的应用训练，提高在与 AI 系统互动中保持人机协作高效性的素质，增强在创新过程中的协作精神和技术素养；

通过协作解决复杂技术问题，提高跨学科和跨领域的创新能力，提升团队合作和沟通能力。

【知识内容】

TRIZ 理论自阿奇舒勒提出以来，已成为系统化解决工程和技术问题的重要方法。TRIZ 理论提供了一个结构化的方法来分析和解决复杂问题，使创新不再依赖于偶然的灵感。TRIZ 理论被广泛应用于制造业、工程设计、产品开发等多个领域，显著提高了创新效率和质量。然而，随着技术的快速发展和系统复杂性的增加，传统 TRIZ 理论在处理多变的技术环境和跨学科问题时显得力不从心。为了应对这些挑战，提出了 TRIZ+AI 的模式，结合现代人工智能、大数据分析和人机交互技术，旨在扩展和深化传统 TRIZ 理论的应用范围和实际效果。

第一节　经典理论与现代技术的融合

TRIZ 理论的核心思想是通过系统化的方法找到解决技术矛盾和问题的创新性解决方案。其主要工具包括矛盾矩阵、40 个发明原理、物 - 场分析模型等。这些工具帮助发明家和工程师识别问题本质并找到有效的解决方案。现代技术的发展为 TRIZ 理论的扩展和应用提供了新的机遇。结合人工智能、大数据分析和人机交互技术，可以显著提升 TRIZ 理论的适应性和实用性。

1. 人工智能（AI）的应用

人工智能帮助用户处理 TRIZ 理论中难以直接解决的问题。用户只需输入原始问题，而无需将其转换成标准的 TRIZ 模式。通过人工智能的辅助，用户可以轻松进入通用工程参数的选择环节。通过软件查询矛盾矩阵表，提供可能有用的发明原理，用户根据自身需求决定使用哪些发明原理，AI 则基于用户的判断和选择生成相应的解决方案。

2. 大数据分析的应用

通过大数据技术，可以实时收集和分析用户反馈、潜在行为及市场数据，动态调整阿奇舒勒矛盾矩阵表。大数据分析能够识别技术发展趋势和市场需求变化，判断新通用工程参数的独特性，确定哪些参数是用户独有的、行业独有的、跨行业共享的或在特定时间周期存在的，从而为不同用户在不同时期生成定制化的动态矛盾矩阵，添加时间和行业维度，增强矛盾矩阵的灵活性和适应性，为创新提供前瞻性的指导。

3. 人机交互技术的应用

人机交互技术使创新工具更加易于使用，降低了用户的学习难度，提高了参与度。通过人机协作，可以集成人类的创造力和机器的计算能力，实现更高效的创新。

TRIZ+AI 模式通过将人工智能、大数据分析和人机交互技术与传统 TRIZ 理论相结合，形成了一个更为动态和灵活的创新框架。该模式不仅延续了经典 TRIZ 的核心思想，还通过现代技术的支持，使其在复杂多变的环境中具备更强的适应性和实用性。这种融合不仅增强了 TRIZ 理论在技术问题解决中的有效性，还为其在其他领域（如医疗、教育、服务等领域）的应用和创新活动提供了强有力的理论和工具支持。

第二节　动态矛盾矩阵与多元灵感推送模式

一、动态矛盾矩阵概念

传统 TRIZ 理论中的矛盾矩阵是基于对大量专利和技术问题的分析总结出来的，旨在通过识别技术矛盾并提供相应的解决方案来帮助创新者解决问题。在 TRIZ+AI 模式中，动态矛盾矩阵不仅保留了传统矩阵的基本功能，还通过引入实时数据分析和用户反馈机制，使其能够动态调整和更新，以更好地适应快速变化的技术环境和用户需求。

1. 系统通过学习问题实现通用工程参数的再扩展

通过人工智能和大数据分析，系统能够根据用户输入的问题进行学习，并对现有的通用工程参数进行扩展或优化。系统自动更新通用工程参数库，以涵盖更广泛的应用场景和需求，从而提供更加精准和多样化的解决方案。大数据分析还能够识别新通用工程参数的独特性，判断哪些参数是用户独有的、行业独有的、跨行业共享的或在特定时间周期内存在的。

2. 系统根据用户反馈对发明原理进行排序

系统通过收集和分析用户对发明原理的反馈，包括点赞、评论等，动态调整

发明原理的推荐顺序。点赞数高的发明原理会被优先推荐，确保用户能够快速找到最有效和最受欢迎的解决方案。这种基于用户反馈的动态排序机制，显著提高了系统的实用性和用户满意度。

二、多元灵感推送模式

在 TRIZ+AI 模式下，传统 TRIZ 理论的运算结果不仅仅是几个启示性的发明原理，还包括与这些发明原理相关的文献和短视频。这种多元灵感推送模式极大地丰富了用户的创新资源，帮助用户更全面地理解和应用发明原理，提高问题解决的效率和效果。

三、个性化与定制化解决方案

每个用户的问题和需求都是独特的，通过动态矛盾矩阵和多元灵感推送模式，系统能够根据用户输入的信息实时生成个性化的解决方案，确保方案的针对性和有效性。

第三节 TRIZ+AI 应用实例

在 TRIZ+AI 的模式上发展了一种基于该模式的创新灵感启发程序。该程序通过整合人工智能、大数据分析和人机交互技术，使用户能够输入问题，选择合适的通用工程参数，并生成相应的解决方案。本节将通过一个机械设备设计的实际问题案例，展示该程序的具体应用和效果。

软件介绍：
创易 V1.0

一、创新灵感启发程序开发

通过人机交互界面，使用户能够轻松输入问题、选择相互矛盾的通用工程参数并生成解决方案。有如下几个核心功能。

1. 动态矛盾矩阵模块

系统通过学习用户输入的问题，对通用工程参数进行扩展，并根据用户对发明原理的点赞情况对其进行排序。通过用户的实时反馈，不断优化和调整解集，使得解决方案更加个性化和体现定制化。

2. 多元灵感推送模式

基于 TRIZ 理论的发明原理推送相关灵感视频，帮助用户更直观地理解和应用这些原理。短视频通过生动的案例和直观的演示，激发用户的创新思维和灵感。这种多元灵感推送模式极大地丰富了用户的创新资源，提供了全面的理解和应用发明原理的途径。

3. 基于大语言模型的对话功能

系统集成了基于大语言模型的对话功能，通过分析用户的关键判断数据，对用户的新需求或问题进行进一步的回答和补充，从而生成更为具体的解决方案。用户可以通过对话界面提出更详细的问题，系统会根据已有的数据和知识，提供详细的解答和优化建议，确保用户得到最有效的指导。

二、应用案例

1. 问题描述与分析

在机械设备的设计过程中，增强设备的可维修性和可靠性是关键目标之一，但常常受到成本的限制，提升这些属性而不显著增加成本是一个常见的挑战。将问题描述成：如何在不显著增加成本的情况下提高机械设备的可维修性和可靠性？

2. 问题输入

用户通过软件界面输入问题，如图 9-1 所示。

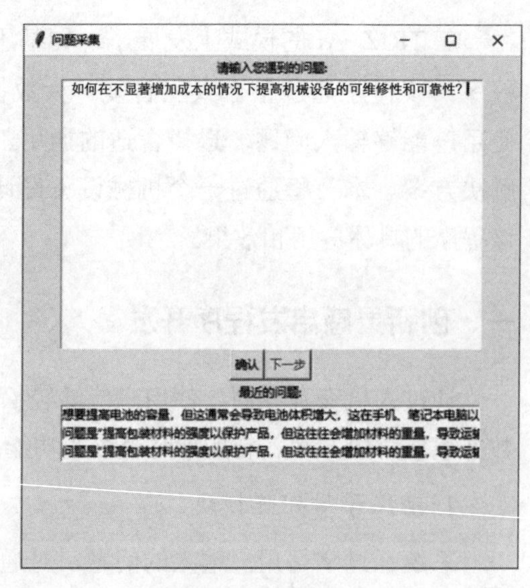

图 9-1　问题输入界面

3. 通用工程参数选择

通过问题预处理及 AI 分析，用户可以选择相关的通用工程参数。系统会放大和突出显示经过分析后识别出的可能适用的通用工程参数，协助用户做出更准确的选择。

技术矛盾：用户希望提高设备的可维修性（提高的通用工程参数，如

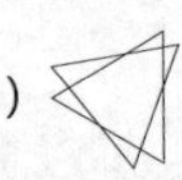

图 9-2)，而不希望增加装置的复杂性（弱化的通用工程参数，如图 9-3)。

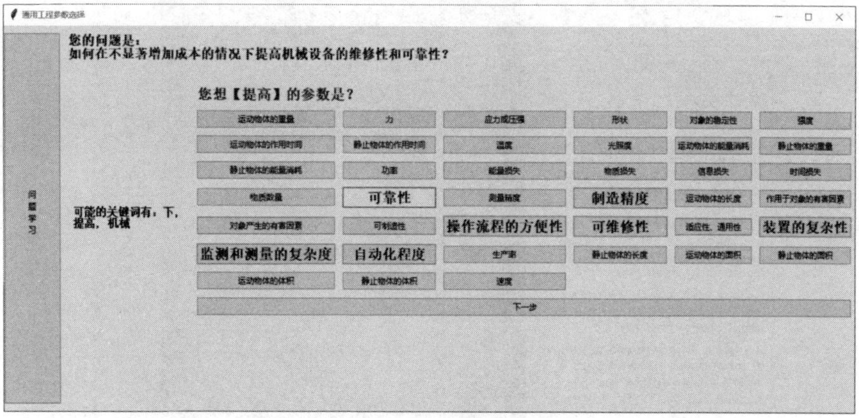

图 9-2　提高通用工程参数选择界面

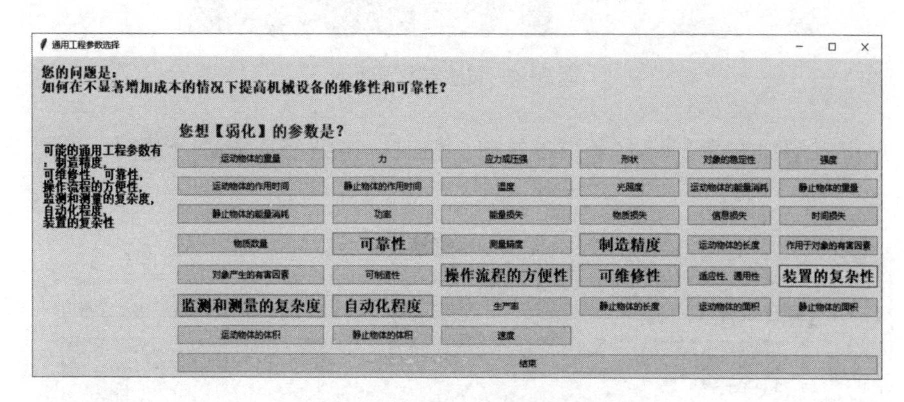

图 9-3　弱化通用工程参数选择界面

4. 灵感启发

软件结合阿奇舒勒矛盾矩阵表，推荐相应发明原理的相关文献及应用视频，如图 9-4 所示。

5.TRIZ 解决策略应用

选择的方法如下。

分割原理：采用模块化设计，使得各个组件或元素可独立更换或维护，从而提高整体设备的可维修性和可靠性。

事先防范原理：通过设计预防性措施来提升设备在意外情况下的核心部件保护功能，增加系统的整体可靠性。

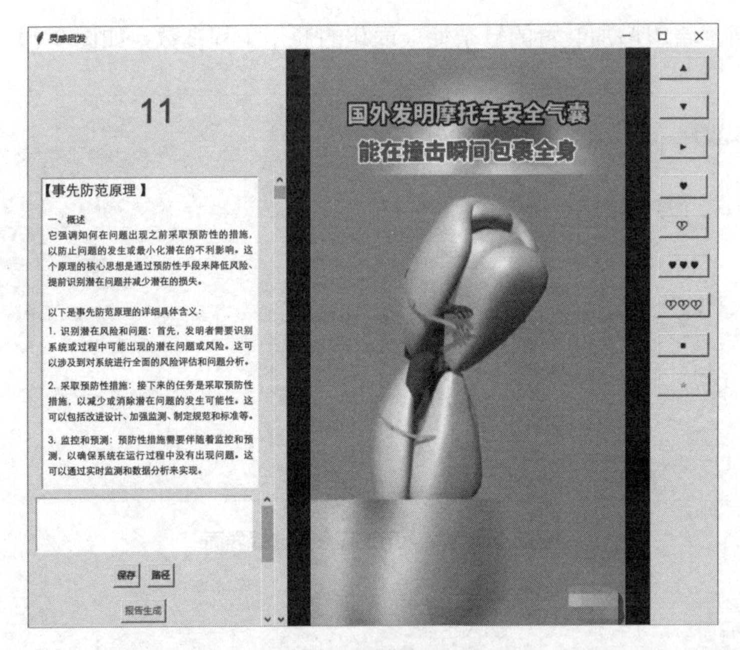

图 9-4　灵感启发界面

用户对解决方案制订有了初步方向，但对一些细节还需进行提问，如图 9-5 所示。

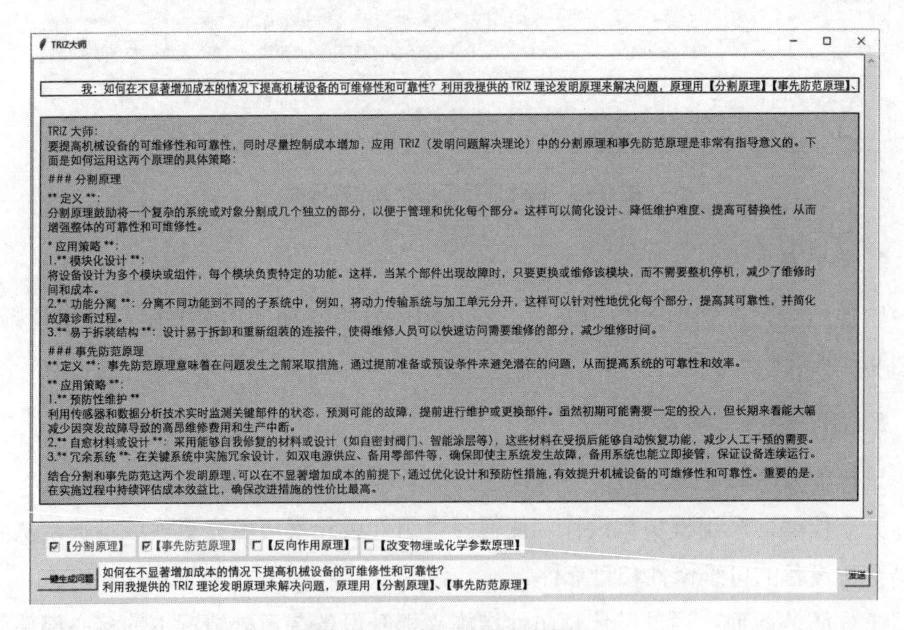

图 9-5　TRIZ 大师问答界面

三、未来发展方向

1.TRIZ+AI 模式的创新与贡献

TRIZ+AI 模式通过将传统 TRIZ 理论与现代技术相结合，形成了一个动态、灵活、实用的创新框架。该模式不仅提升了技术问题解决的效率和质量，还拓展了 TRIZ 理论的应用范围和实际效果。

2. 创新灵感启发程序的未来

创新灵感启发程序作为 TRIZ+AI 模式的重要应用工具，展示了现代技术在创新过程中的巨大潜力。未来的研究将继续优化程序的功能和性能，提升用户体验和应用效果。

3. 未来发展方向

继续完善 TRIZ+AI 模式的理论体系，引入更多先进技术，提高其在不同领域的适应性和实用性。探索 TRIZ+AI 模式在更多领域的应用潜力，如环境保护、公共管理、社会服务等，为各领域的创新提供强有力的理论支持和工具保障。

【本章小结】

本章详细介绍了 TRIZ+AI 模式的提出背景，通过动态矛盾矩阵和实时解集设计，TRIZ+AI 模式显著提升了传统 TRIZ 理论的适应性和实用性。TRIZ+AI 模式不仅在工程和技术领域展示了广泛的应用前景，还在医疗、教育等多个领域展现了巨大潜力。创新灵感启发程序的开发进一步证明了 TRIZ+AI 模式在实际应用中的有效性，为未来的创新活动提供了新的工具和方法。

思考题

1. 传统 TRIZ 理论在现代技术环境中面临的主要挑战是什么？如何通过 TRIZ+AI 模式来克服这些挑战？

2. 结合具体案例，说明动态矛盾矩阵和实时解集设计在创新过程中的优势和应用效果。

3. 探讨 TRIZ+AI 模式在医疗和教育领域的应用前景和潜力。

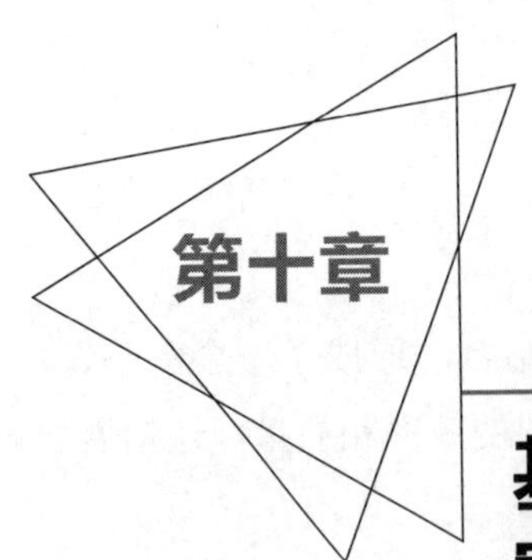

第十章 基于TRIZ理论的创新设计案例

【学习目标】

能力目标：

通过案例学习，强化学生 TRIZ 理论问题分析能力，能够创新性解决问题。

知识目标：

强化和巩固 TRIZ 基础理论知识，熟练掌握技术矛盾分析法、物理矛盾分析法和物 – 场模型分析法等。

素质目标：

通过项目案例分析和学习，进一步提高学生分析问题和解决问题的能力。

【知识内容】

案例一 功能分析法在香皂包装生产线漏装问题上的运用

针对香皂包装生产线漏装问题，运用功能分析的原理与方法，从功能角度分析技术系统中各组件间存在的功能。根据“移除空盒”的功能定义，绘制功能描述图，对两两组件之间的功能进行陈述，并建立功能模型。最后通过理想度评价优选出实施方案。

1. 问题描述

某企业引进了一条香皂包装生产线，结果发现这条生产线有个缺陷：有时会发生盒子里没装入香皂的情况。为了解决这一问题，技术人员提出购买机械手来分拣空的香皂盒。即当生产线上有空盒通过时，两旁的传感器会检测到信号，然后驱动一只机械手把空盒拣走。这个方案费用太高，在实践中并没有被采纳。本案例运用功能分析法来寻求更好的解决方案。

2. 问题分析

功能分析法是从功能的角度对工程问题进行分析，找出关键问题及其产生的原因，进而提出解决问题的可行方案。功能是指产品技术系统的用途或所具有的特定工作能力，具体来说是用于其他物体并改变其他物体参数的行为（作用或者相互作用）。只有物体间进行相互作用才能产生功能。在应用中，功能的定义方法是采用动词加对象的方式。例如：电线的功能＝传输（动作）+电流（对象）；活塞的功能＝挤压（动作）+气体（对象）。只有对象的参数（至少一个）发生改变的时候，功能才存在，否则功能不存在。例如：传输电流，电流位置（参数）发生了变化；挤压气体，气体体积或密度（参数）发生了变化。

功能分析实质是对两两组件之间的功能进行陈述，可以用图形化描述方式来描述功能。例如：使用箭头和矩形框来表示（动宾结构），其中箭头代表动词（动作），矩形框代表名词（组件），如图 10-1 所示。

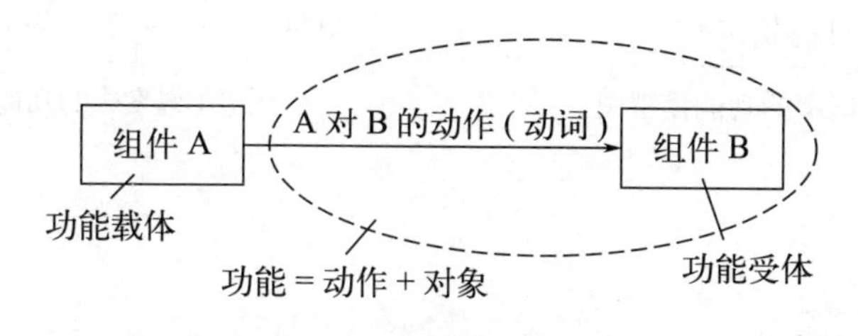

图 10-1 功能的图形化描述

对于本案例，功能定义是：移除空盒。为了实现“移除空盒”这个功能，有针对性地提出如下解决方案：

① 安排一个工人站在旁边，发现空盒及时捡走；

② 安装检测装置，控制机械手抓起空盒；

③ 香皂盒涂上磁粉，生产线上面安装电磁吸盘，将空盒吸起来；

④ 在生产线侧面设置吸管将空盒吸住，然后通过气缸将吸管后移，使空盒离开生产线，并使其移到事先放置好的箱内；

⑤ 在生产线侧面设置吹风管，将空盒吹进事先放置好的箱内。

这5种方案整理出的功能描述如图10-2所示。

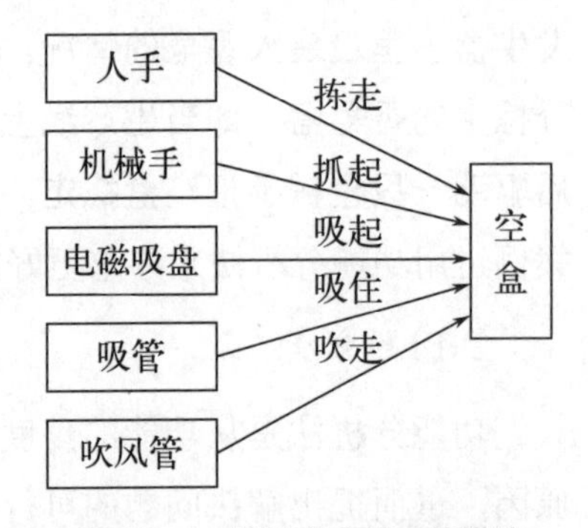

图10-2　移除空盒的功能描述

在进行功能分析、完成功能描述后，可建立功能模型，功能模型是由功能元组成的模型。功能模型的建立是从用户需求角度出发的，将总功能分解为分功能、功能元的过程。根据5个解决方案分别绘制的功能模型如图10-3所示。

从图10-3（a）~（e）中可以清晰地看出对于香皂包装生产线漏装问题处理设计的5个技术系统以及其系统组件、超系统组件之间的相互作用与关系。

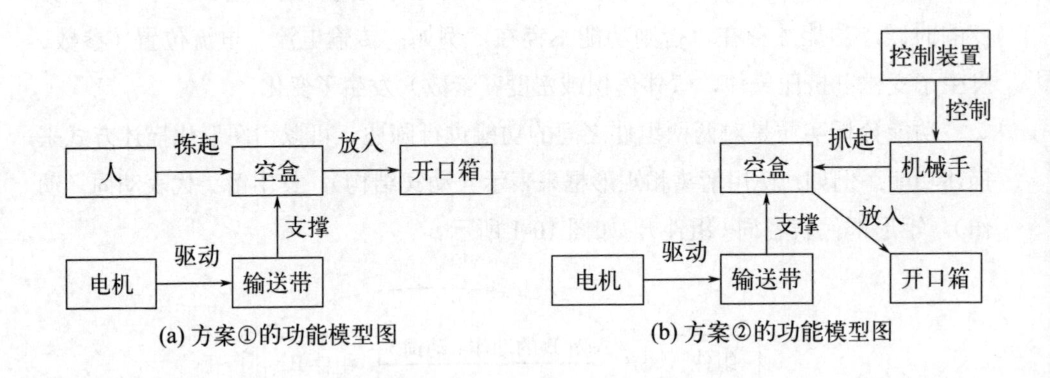

(a) 方案①的功能模型图　　(b) 方案②的功能模型图

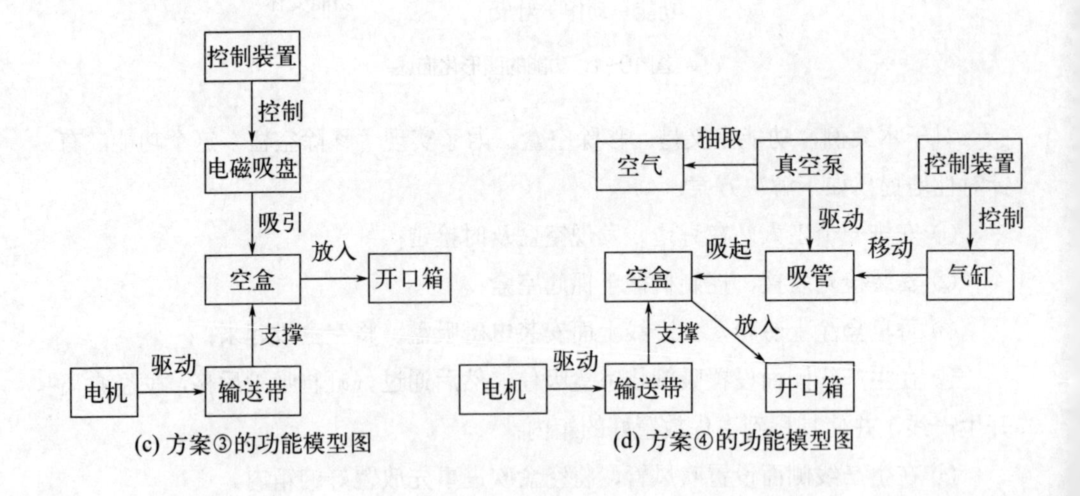

(c) 方案③的功能模型图　　(d) 方案④的功能模型图

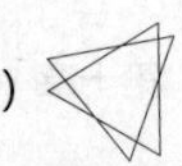

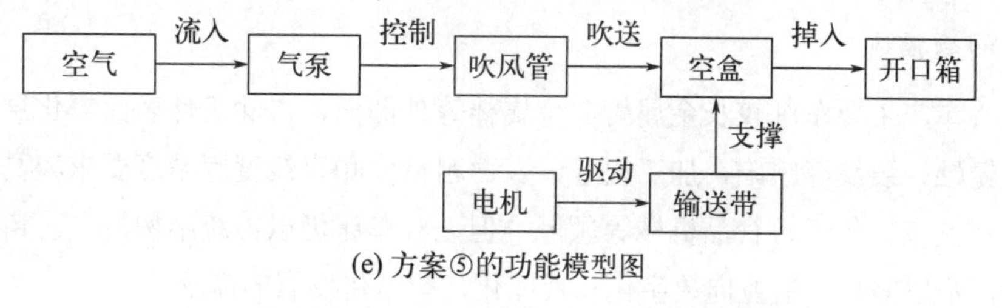

(e) 方案⑤的功能模型图

图 10-3　根据 5 个解决方案分别绘制的功能模型

3. 解决方案

所谓技术系统的理想度法则是指技术系统朝着提高系统理想度的方向进化。系统的理想化用理想度来衡量。

理想度衡量公式为：

$$I = \frac{\Sigma F_{\mathrm{U}}}{\Sigma C + \Sigma F_{\mathrm{H}}}$$

式中，I 为理想度；ΣF_{U} 为有用功能之和；ΣC 为成本之和（如材料成本、时间、空间、资源、复杂度、能量、重量等）；ΣF_{H} 为有害功能之和。

理想度衡量公式表示应该正确识别每一个技术系统中的有用功能和有害功能，比较成本之和。通常很难准确量化功能和成本之和的数值，一般只做相对比较。例如以上提出的 5 个解决方案均能实现“移除空盒”这一功能，但是其“成本之和”是不同的，经过比较分析，“成本之和”由高到低依次为：方案①→方案②→方案③→方案④→方案⑤。由于方案⑤ 理想度最高，最后方案⑤为优选方案。方案⑤制造成本低，结构简单，便于维护，经使用能 100% 去除空盒，达到了设计要求。

案例二　无心车床的改进设计

针对无心车床车削加工存在自动化程度低、劳动强度高等问题，利用 TRIZ 理论分析了无心车床存在的技术矛盾，并在矛盾矩阵表里查找发明原理，确定无心车床改进方案。设计了一种同心双轴结构、螺纹驱动刀具进给的无心车床，通过两轴速度差实现刀具进给和退刀，车削光轴和锥面，扩大了无心车床加工范围。

1. 问题描述

无心车床主要车削较长金属管、金属棒等外圆面，去除工件表面氧化层、脱碳层、锈蚀、裂纹等缺陷，加工尺寸、表面粗糙度和直线度等精度要求较高，广泛应用在汽车、化工、食品机械等领域。但无心车床仍以传统结构为主，自动化程度低，难以满足制造业向数字化、智能化、智慧化发展的需求。

2. 问题分析

通过整理分析文献、专利、网络资料等发现，目前针对无心车床没有进行实质性的改进设计，大部分改进是在原有结构基础上进行局部优化设计，这使无心车床无法脱离原有结构的限制，使自动控制系统难与其结合，自动化程度低，也降低了无心车床与配套设备组建自动化、智能化产线的可能性。刀盘是无心车床的核心部件，刀具能否实现自动进给和退刀，直接影响到无心车床的自动化程度。现有大部分刀盘均通过凸轮结构调节刀具进给，凸轮机构是点、线接触的高副机构，接触面小、承载能力低、较易磨损、寿命短、可靠性差。通过凸轮轮廓实现刀具的进给，可控性差，轮廓磨损后，使进给量控制更加复杂化，需要人工测量和修正，限制了自动化改造的可行性。如表 10-1 所示为此案例的矛盾矩阵分析表。

表 10-1　案例一矛盾矩阵分析表

序号	改善的参数	恶化的参数	发明原理编号
1	可靠性（27）	系统的复杂性（36）	1，13，35
		时间损失（25）	10，30，4
2	自动化程度（38）	可制造性（32）	1，26，13
		系统的复杂性（36）	15，24，10

想改变原有刀盘接触面积小、易磨损的凸轮结构，就要重新设计和制造刀盘。刀具进给由高副接触向低副接触转变，增大接触面，提高使用寿命和可靠性。重新设计和制造刀盘机构，改变了原有的简单凸轮结构，会增加机构的系统复杂性，同时，设计和制造会消耗大量时间来完成。所以，提高刀盘机构的可靠性，就会导致系统的复杂性增加和导致时间损失，从而造成了技术矛盾的出现，可靠性是欲改善的参数，系统的复杂性和时间损失是被恶化的参数。

提高无心车床自动化程度就要改变原有结构，重新设计可实施自动控制的车

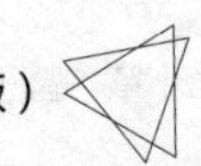

床结构，新的无心车床相对原有成熟无心车床，生产成本增加、可制造性下降，且存在无心车床系统复杂性增加和难以实现的风险，所以自动化程度与可制造性和系统的复杂性构成了技术矛盾，自动化程度是改善的参数，可制造性和系统的复杂性是恶化的参数。

3. 设计方案

根据第 1 组中改善的参数“可靠性（27）”和恶化的参数“系统的复杂性（36）”从阿奇舒勒矛盾矩阵表中查得发明原理 1“分割”、发明原理 13“反向作用”、发明原理 35“改变物理或化学参数”；根据改善的参数“可靠性（27）”和恶化的参数“时间损失（25）”从阿奇舒勒矛盾矩阵表中查得发明原理 10“预先作用”、发明原理 30“柔性壳体或薄膜”和发明原理 4“增加不对称性”，见表 10-1。经分析发现，发明原理 1 和发明原理 10 对技术矛盾的解决是有帮助的，而其他对刀盘改进设计帮助不大。采用凸轮机构刀盘或组合刀架结构，装夹车刀的刀架和刀盘基本都是一体的，需要手动调节车刀径向进给量和锁紧车刀，难以实施自动控制车刀进给量。分割发明原理中方法“将物体分成容易组装和拆卸的部分”提示我们，将刀架与刀盘分离，让刀盘能够驱动刀架实现径向进给或退刀，通过分析齿轮、带、链、螺纹等各种传动机构发现，平面螺纹传动较为合适。无心车床双轴及刀盘（见图 10-4）主要由螺纹盘、三爪卡盘、卡爪刀架和车刀等构成，螺纹盘安装在三爪卡盘内部，卡爪刀架安装在三爪卡盘卡槽内，卡槽使卡爪刀架只能做径向运动。卡爪刀架与螺纹盘接触面做成螺纹，并与螺纹盘啮合，螺纹可驱动卡爪刀架沿三爪卡盘卡槽做径向运动。三个卡爪刀架均布在三爪卡盘

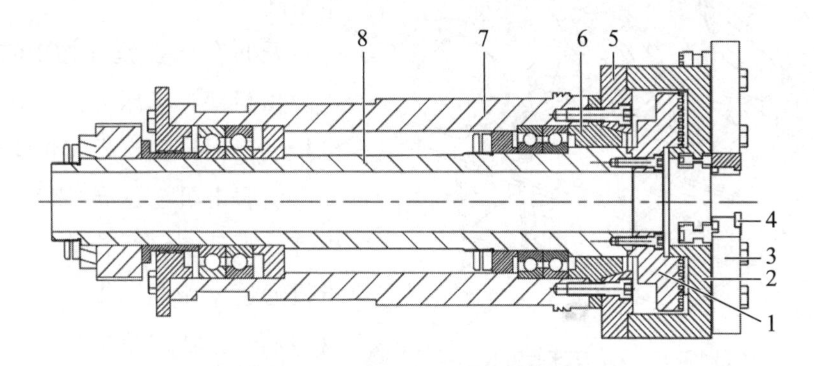

图 10-4　无心车床双轴及刀盘结构

1—螺纹盘；2—三爪卡盘；3—卡爪刀架；4—车刀；5—连接环；
6—密封端盖；7—主轴；8—进给轴

上，对中性好，且单螺纹有自锁性，车刀进给量调整好后，在自锁作用下，车刀不会运动。此外，由于被加工工件所受径向力大部分相互抵消，工件弯曲变形量小。卡爪螺纹与螺纹盘啮合时存在间隙，对车刀精确进给产生影响，预先作用发明原理中“预先对物体（全部或部分）施加必要的改变”提醒我们，可在设备使用前，对卡爪螺纹与刀盘螺纹间隙进行测量，获取偏差值，然后通过控制技术给予补偿，从而消除螺纹啮合产生的误差。

根据第 2 组中改善的参数“自动化程度（38）”和恶化的参数“可制造性（32）”在阿奇舒勒矛盾矩阵表中查得发明原理 1“分割”、发明原理 26“复制”、发明原理 13“反向作用”；根据改善的参数“自动化程度（38）”和恶化的参数“系统的复杂性（36）”从阿奇舒勒矛盾矩阵中查得发明原理 15“动态特性”、发明原理 24“借助中介物”和发明原理 10“预先作用”。对以上 6 个发明原理分析发现，发明原理 1 和发明原理 15 对技术矛盾的解决是有帮助的。原有无心车床主轴和刀盘安装在一起，刀架安装在刀盘上，同步转动，而车刀进给和退刀都是独立进行的，与主轴转动没有关系。分割发明原理 1 中“把一个物体分成相互独立的部分”和动态特性发明原理 15 中“分割物体，使其各部分可以改变相对位置”提示我们，把主轴分解成两个独立轴，并使其产生相对运动，一根轴驱动车刀进行车削，另一根轴实现车刀进给和退刀，这样能够在静止状态和运动状态调整车刀进给量，车刀进给不受无心车床状态限制，可实现工件外圆面加工和锥面加工，扩大了无心车床加工范围，也为无心车床自动化的实现打下基础。

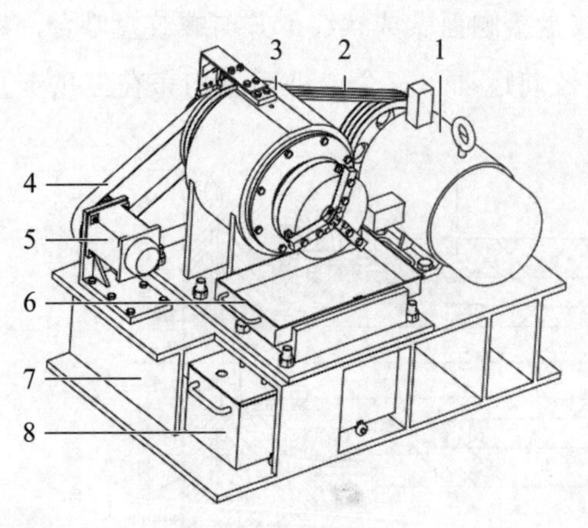

图 10-5　无心车床装置

1—三相异步电机；2—V 带；3—车床主体；
4—同步带；5—进给伺服电机；
6—切屑收集托盘；7—机座；8—切屑收集小车

无心车床装置如图 10-5 所示，主要由机座、车床主体、进给伺服电机、三相异步电机和传动带等组成。伺服电机通过同步带与进给轴相连，驱动螺纹盘转动。三相异步电机通过 V 带驱动主轴带动三爪卡盘转动，各轴末端装有旋转编码器测量转速，并反馈给控制系统。主轴和进给轴转向相同，以主轴转速为参照，控制进给轴转速，通过主轴和进给轴转速差实现刀具进给和退刀，当进给轴转速小于主轴转速时（顺时针转动），实现进给，反之，实现退刀；当转速相同时，刀具相对静止，按给定的进给量进行切削。

案例三　自动分拣快件装置的改进设计

为解决人工分拣快件效率低、易造成分拣错误和损坏物品等问题，运用TRIZ理论分析其存在的技术矛盾，选择合适的发明原理，再结合物流快件分拣工作流程特点，设计和制作了自动识别和分拣快件样机装置。该装置由控制器、触摸屏、光电传感器、扫码器、气动装置、平带输送装置等组成。平带输送装置送快件，扫码器读取快件地址信息并传递给控制器，控制器接收信息并与设置的条形码信息比对，确定快件所在分拣区域，当快件到达预定区域，控制气动装置把快件推入对应滑道，完成快件分拣。经过组装和调试，该装置实现了自动识别、分拣快件，达到“机器换人”的效果，提高了分拣效率和准确度。

1. 问题描述

传统的快件分拣主要采用输送带输送快件，人工分拣，如图10-6所示。每个人站在输送带指定地点，负责一个地区快件的分拣，当快件到达自己面前时，首先判断是否是自己负责区域的快件，若是则把快件送到指定区域。人长时间在固定地点做重复性分拣快件工作，尤其是在加快分拣节奏时，其体力和状态下降明显，会导致注意力分散、分辨能力变差，易造成漏拣、误拣、快件损坏等现象的发生。

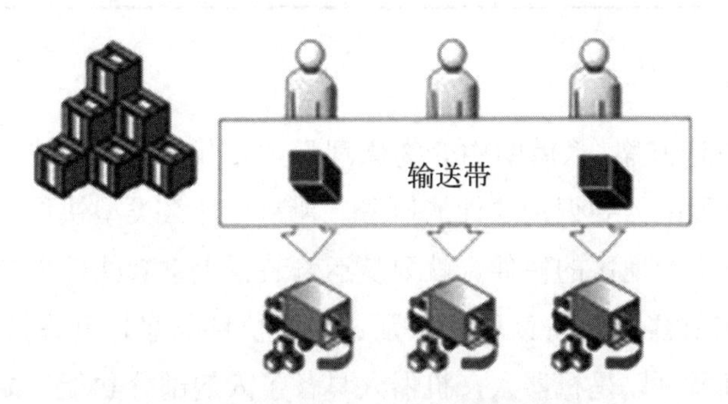

图10-6　快件分拣工作流程图

2. 问题分析

分拣效率的提高需要分拣工人分拣快件速度和节奏加快，其劳动强度也随之增加，在工作一段时间后，分拣工人体力和分辨能力下降，易造成误拣和漏拣等，个别分拣工人为了赶工作进度，可能会摔放快件，对快件造成不必要的损坏，所以分拣效率的提高可能会造成快件的损坏、误拣和漏拣，这样就出现了提高效率和快件损坏、误拣的矛盾，效率是欲改善的参数，损坏、误拣和漏拣，即作用于对象的有害因素是被恶化的参数，其构成的矛盾矩阵见表10-2。那么要减轻工人的劳动强度和提高工作效率，就需要用设备代替人的部分工作，这需要对原有的分拣系统进行改造和设计，使其具备人的识别能力和分拣能力，即提高分拣设备智能化、自动化程度。当然，改造后的分拣设备其复杂程度将明显增加，可维修性相对原来设备也降低，所以提高自动化程度，就会导致快件分拣系统复杂化增加和可维修性下降，这样就使自动化程度分别和系统的复杂性、可维修性构成了技术矛盾，自动化程度是欲改善的参数，系统的复杂性和可维修性是被恶化的参数。表10-2中数字为39个通用工程参数序号或40个发明原理编号。

表10-2中所推荐的10条发明原理并不是都对问题解决有帮助，经过分析和比较，发现发明原理1“分割原理”、发明原理23“反馈原理”、发明原理15“动态特性原理”和发明原理24“借助中介物原理”是可利用的。

表10-2　案例三矛盾矩阵分析表

序号	改善的参数	恶化的参数	发明原理编号
1	效率（9）	作用于对象的有害因素（30）	1，28，35，23
2	自动化程度（38）	系统的复杂性（36）	15，24，10
		可维修性（34）	1，35，13

3. 解决方案

（1）初步设计方案　“借助中介物原理”拟使用机器代替人实现所需动作。人在分拣快件过程中需要识别快件的信息，判断是什么类型快件和哪个地区的快件，如果是自己负责地区的快件，就要从运输装置上拿起快件放在指定区域，所以用于替代人的机器应具备读取、识别、判断快件信息，并完成快件分拣的功能。所采用的机器可以是机器人，机器人具备了人的部分功能，能够替代人实现自动识别和分拣快件的工作。也可根据“分割原理”和“动态特性原理”，把各

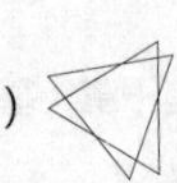

功能分解在整个分拣系统中，分步、分时完成分拣的各道工序任务，设计一种快件自动识别和分拣系统。采用机器人完全代替人，每个机器人都需要识别快件信息，那么分拣系统越大，这方面耗时就越大，可能会导致工作效率低下，如果采用第二种方案，只需读取和判断一次快件信息，把快件信息传输给相关分拣装置，当快件到达指定区域时，执行装置只需识别快件信息就可进行分拣。

分拣系统在分拣过程中可能会出现误拣或漏拣等现象，根据“反馈原理”，在系统中引入反馈，当判断出误拣或漏拣时，反馈执行系统把快件运回到指定区域，处理后再次进行分拣。

根据上述分析，设计了二次分拣装置设计方案，见图10-7。快件由传送带输送，扫码器和传感器进行快件信息获取，控制器对快件信息进行判断，并根据信息控制执行装置。本装置采用两个输送带，组成平带输送装置，输送带和输送带之间垂直布局，这样结构紧凑，占用空间小；采用气动装置进行分拣，分别安装在输送带两侧；控制器和触摸屏放置在一角，离平带输送装置、分拣装置有一段安全距离，避免操作时被损坏。第一个平带输送装置被分成三个区域，目的是当快件运输到快件归属地时，气动推杆把快件推入对应滑道，实现快件区域分拣，而表示不同区域的快件可被分拣到对应区域滑道，实际装置可根据实际分拣需要设计成多区域分拣；第二个平带输送装置也分三个区域分拣，目的是在快件经一次分拣后，可再次进行分拣，这样利于快件按省、市、区等逐级分拣，实现分拣

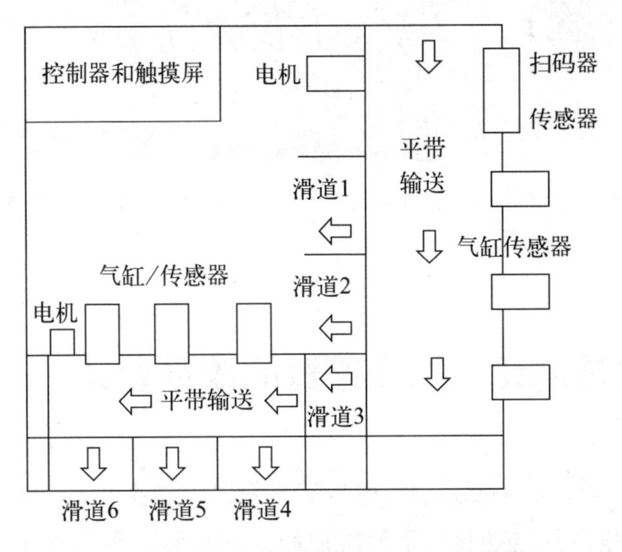

图10-7　二次分拣装置初步设计方案示意图

自动化和智能化，并能联网控制，实现大数据处理，不断优化分拣设备。

（2）设计方案　根据初步设计方案，考虑中小快递公司对快件分拣的要求不同，从而进行模块化设计，可根据中小快递公司实际需求进行柔性设计、组装分拣系统，满足个性化要求。快件分拣装置总体设计方案见图10-8，主要由PLC控制装置、识别系统、一次分拣系统、二次分拣系统等组成。分拣系统由平带输送装置、气动装置、机构框架、滑道等组成。平带输送装置主要完成快件输送、气动推杆推动快件进入对应滑道的功能，滑道有一定倾斜度，快件依靠自身重力向下滑移进入指定区域；PLC控制装置和识别系统构成了快件分拣控制系统，是实现自动识别和分拣快件的核心部件，能够读取快件信息，并进行判断和做出决策，指令分拣系统进行分拣。

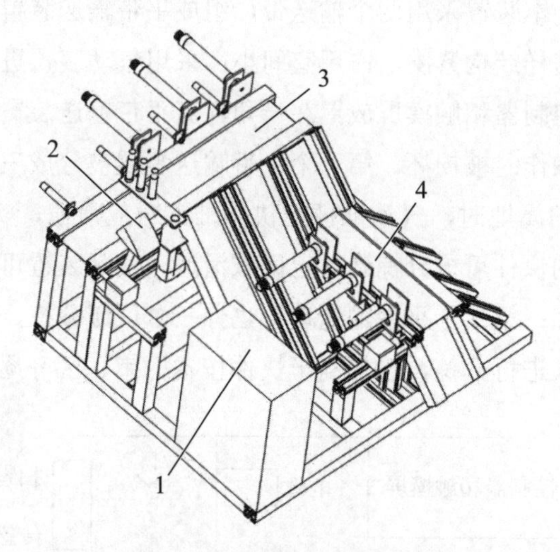

图10-8　总体设计方案

1—PLC控制装置；2—识别系统；3—一次分拣系统；4—二次分拣系统

案例四　大传动比二挡变速器的改进设计

大传动比二挡变速器的改进设计

现有链式冷拔产线主要采用齿轮减速器降速，速度单一，很难满足链式冷拔产线自动化、柔性制造的发展趋势。本案例在ZSY500-50三级减速器基础上利用TRIZ理论，改进设计出大传

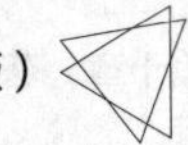

动比二挡变速器，应用在链式冷拔产线上，可实现高、低两挡转速，满足不同规格材料冷拔加工需要，减少生产线的重复投入，节约占地面积，提高了设备利用率。

1. 问题描述

由于金属冷拔加工成型需要较大的载荷，现有的大传动变速器难以满足生产要求。考虑大传动比减速器在冷拔产线上应用较为成熟，在大传动比减速器基础上改进设计为高低二挡变速器，只需改变局部结构，设计制造周期短、制造成本低，设备可靠性高，也便于现有冷拔加工产线的改造升级。

但在大传动比减速器基础上改进设计成二挡变速器需要解决以下问题：

① 大传动比减速器是多轴多齿轮结构，采用的机构能实现高低二挡平稳变速。

② 在实现高低二挡变速的基础上，实现设备结构尺寸不变或变化不大。

2. 问题分析

（1）技术矛盾分析及初步方案1　减速器ZSY 500-50是标准化设备，在此设备基础上改进设计为二挡变速器，需要改变原有结构，这增加了技术系统的复杂性，从而导致“适应性、通用性”和“系统的复杂性”之间产生技术矛盾。根据技术矛盾从矛盾矩阵表查得发明原理（见表10-3）。

表10-3　案例四矛盾矩阵分析表

改善的参数	恶化的参数	发明原理编号
适应性、通用性（35）	系统的复杂性（36）	15，28，29，37
	可维修性（34）	1，4，7，16

表10-3所推荐的发明原理中，发明原理15“动态特性原理”和发明原理29“气压和液压结构原理”对技术矛盾解决有启示作用。

根据“动态特性原理”，可以把减速器高速轴上的齿轮变成双联滑移齿轮。Ⅰ轴是齿轮轴，轴上齿轮齿数少，齿轮直径小，齿轮与轴不能分开制造，不能满足滑移齿轮要求；Ⅱ轴上齿轮齿数多、齿轮直径大，齿轮与轴能够单独制作，适合做滑移齿轮，见图10-9（a）。所以，考虑在Ⅱ轴上设置导向键和双联滑移齿轮，滑移齿轮可以和Ⅰ轴上齿轮分别啮合，获得两种传动比，见图10-9（b）。

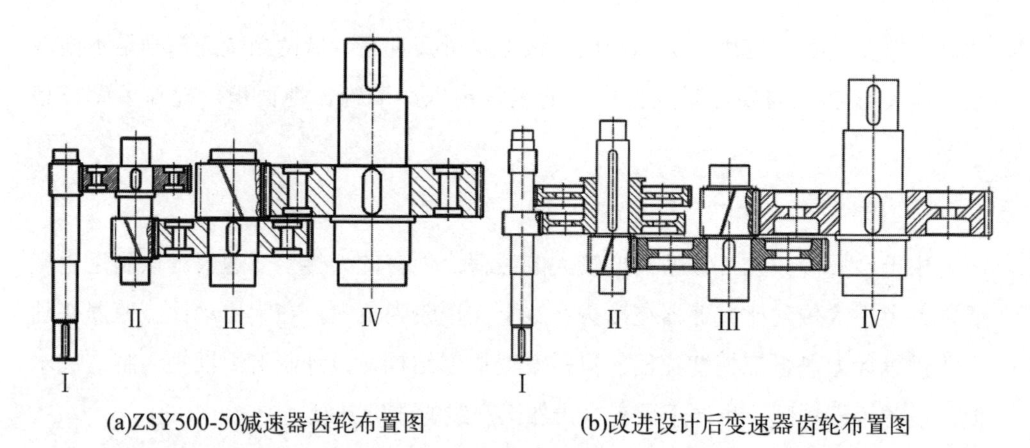

图 10-9　第一次改进设计方案

“气压和液压结构原理”则提示可以采用气动装置或液压装置驱动滑移齿轮，实现自动换挡。

（2）技术矛盾分析及初步方案 2　第一次改进设计装置每次换挡时，滑移齿轮都会与Ⅰ轴上齿轮端面碰撞，产生齿面滑动摩擦，长期使用会导致齿轮端面破损、齿面磨损、啮合精度降低，产生振动和撞击现象等，会缩短齿轮工作寿命，增加设备维修频率和维修难度。所以，出现了设备适应性、通用性和设备可维修性难度增加的技术矛盾（见表 10-3）。经分析，发明原理 1“分割原理”和发明原理 7“嵌套原理”对解决齿轮之间的碰撞、滑移、破损和磨损等问题是有帮助的。

根据分割原理，把图 10-9（b) 所示Ⅱ轴上双联滑移齿轮的齿轮部分与滑移部分独立分割出来，使齿轮部分做成空套齿轮，安装在Ⅱ轴上，与Ⅰ轴齿轮始终保持啮合状态，轴向不产生相对运动，以消除齿轮端面碰撞和减少齿面滑动摩擦(见图 10-10)。再根据嵌套原理，把滑移部分做成滑套，通过导向键安装在Ⅱ轴上，滑套两端做成外花键，空套齿轮一端做成内花键，通过滑套外花键与两空套齿轮内花键分别啮合，实现二挡变速。

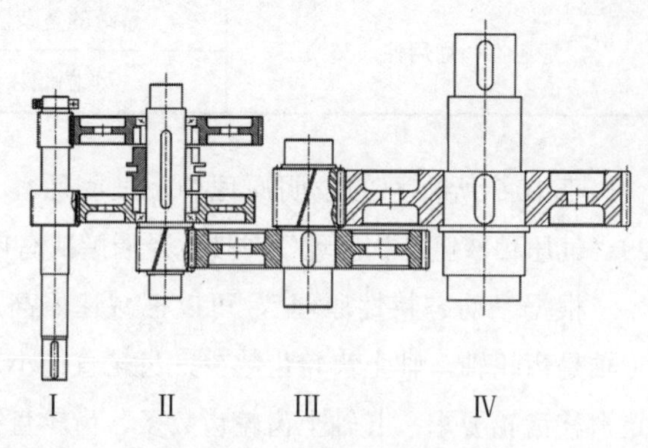

图 10-10　第二次改进设计方案

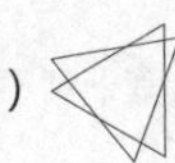

3. 解决方案

经过对第二次改进设计结构尺寸进行计算，发现在Ⅱ轴上增加挂轮、实现两级变速，需要大幅调整各轴间距和齿轮齿数，使二挡变速器结构尺寸明显增大，不利于推广使用。因此，在保留原有布局和结构尺寸基础上，考虑在Ⅰ轴外侧增加Ⅰ'轴，使原四轴结构变成五轴结构。经过计算和参数优化，Ⅱ轴、Ⅲ轴、Ⅳ轴及其上安装的齿轮尺寸基本无变化。新增加的Ⅰ'轴布置在Ⅰ轴下侧，减少了变速器总长度；同时，Ⅰ'轴上齿轮有甩油作用，利于润滑，可达到结构紧凑，原零件变动少，节省设计和制造成本的目的；也利于现有产线改造升级，扩大产线适用性和生产范围。最终变速器改进设计齿轮布置展开图如图10-11（a）所示，三维模型如图10-11（b）所示。

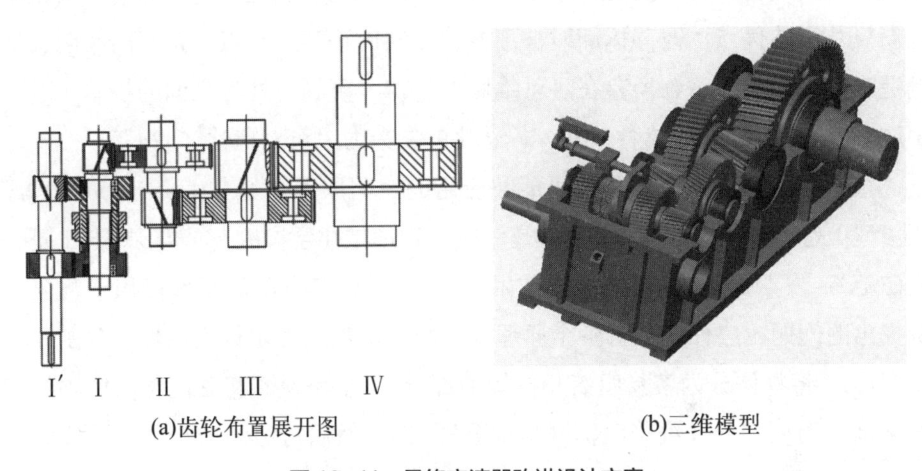

(a)齿轮布置展开图　　(b)三维模型

图10-11　最终变速器改进设计方案

案例五　套筒联轴器的改进设计

套筒联轴器的改进设计

1. 问题描述

套筒联轴器常用于两轴能严格对中，并在工作中不发生相对位移的场合，如图10-12所示，常用的圆锥销套筒联轴器是利用套筒1和圆锥销2将两轴连接起来，当传动过载时，圆锥销会被剪断，还可起到安全保护作用；套筒联轴器具有结构简单、制造容易、径向尺寸小等优点，但缺点是拆卸时被连接轴需做轴向移动，维修不便，从而限制了其应用。如某轧丝机的减速器与转筒之间采用套筒联轴器连接，虽然有效保证了同轴度要求，但存在拆卸安装困难的缺点，为解决这一问题，下面运用TRIZ理论进行分析，并给出解决方案。

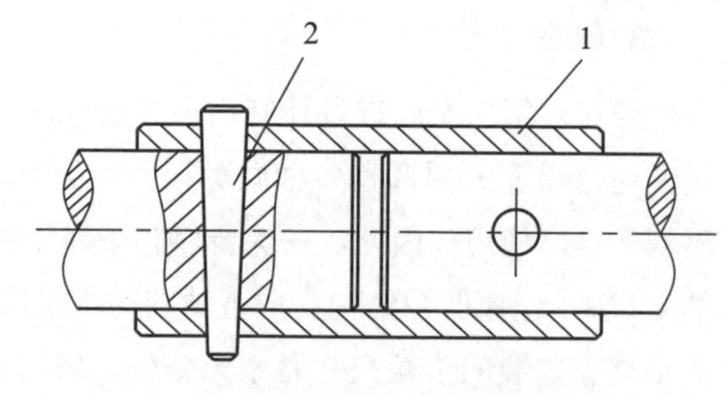

图10-12 套筒联轴器

1—套筒；2—圆锥销

2. 问题分析

套筒联轴器的改进设计主要涉及技术矛盾问题。技术矛盾就是产品中某个参数或特性的改善，会引起另一个参数或特性的恶化。经过分析，保留套筒联轴器径向尺寸小的优点，改善拆卸时被连接轴作轴向移动的缺点，带来的问题会增加制造难度，即套筒联轴器存在“可维修性”与“可制造性”之间的技术矛盾，其中改善的参数为“可维修性（34）”，恶化的参数为“可制造性（32）”。

查矛盾矩阵表，查找到有可能被应用的发明原理编号有1、35、11、10。发明原理1是“分割”；发明原理35是“改变物理或化学参数”；发明原理11是“事先防范”；发明原理10是“预先作用”。并不是所有发明原理都能用于解决本案例提出的问题，应仔细分析各个原理的可用性，然后确定待用原理。分割原理启示我们：“将物体分为容易组装和拆卸的部分。”于是设想将套筒与滚筒轴相连的一半剖分为两部分（维修时拆开这部分即可），然后再组装成一体，这样就可解决套筒联轴器维修困难的问题。

联轴器工作时，其套筒相当于承受扭矩作用的空心轴，横截面上分布着切应力；当套筒被切割后，空心轴的横截面面积减小，在扭矩不变的情况下，切应力必然增大，即强度降低了。这时又出现了“强度”与“应力”之间的技术矛盾，即改善的参数为“强度（14）”，恶化的参数为“应力或压强（11）”。

再次查矛盾矩阵表，查找到有可能被应用的发明原理编号有10、3、18、40。发明原理3是“局部质量”；发明原理18是“机械振动”；发明原理40是“复合材料”。经分析，发明原理3“局部质量”对解决这一问题有帮助。

局部质量原理告诉我们：“将物体、环境或外部作用的均匀结构变为不均匀的结构”。由此我们设想通过增大剖面部位的直径来解决这一问题。于是在套筒中间部位设有直径较大的轴环。

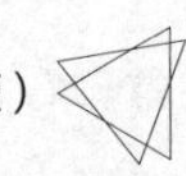

我们可以用线切割的方法将套筒分割，切缝为 0.1～0.3mm，可是切割后又如何复位组装呢？

预先作用原理告诉我们：“预先对物体（全部或部分）施加必要的改变。”于是我们设想在剖开的轴环处沿轴向安装两个带螺纹的圆锥销作为定位销，再用螺母紧固，这样就满足了定位要求。

3. 解决方案

如上所述，运用 TRIZ 理论已成功完成了套筒联轴器的改进设计，其结构如图 10-13 所示。

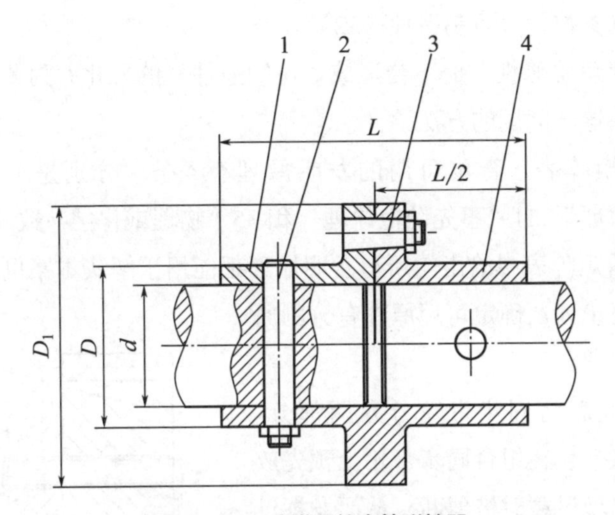

图 10-13　改进后的套筒联轴器

1—左半套筒；2—圆锥销；3—定位销；4—右半套筒

改进后的套筒联轴器有效解决了拆卸困难的问题，通过强度计算和有限元分析，给出了合理的设计参数，满足了使用要求。

案例六　同步带传动过载保护设计

1. 问题描述

同步带传动是由同步带和同步带轮组成的啮合传动，其运动和动力是通过带齿与轮齿相啮合传递的。同步带传动综合了带传动、链传动和齿轮传动的优点，因带与带轮间没有相对滑动，可获得理想的恒定速比，另外，还具有传动平稳、传动效率高、噪声小和耐磨性好的优点，缺点是过载时不打滑，会导致电机或重要机件的损坏。为了解决这一问题，我们运用 TRIZ 理论进行分析并给出解决方案，从而保证电机或重要机件不被损坏。

2. 问题分析

经过分析，同步带传动过载保护问题属于技术矛盾。同步带传动一旦过载会导致电机或其他重要机件的损坏，给维修造成不便，改善的参数为“可维修性（34）”，在“可维修性”得到改善的同时，可能会导致制造成本和制造难度的增加，所以恶化的参数为“可制造性（32）”。

如何改善“可维修性”而不会造成“可制造性”的恶化？为此通过查找矛盾矩阵表获得解决这一问题的方法。

根据矛盾矩阵表，查出可用的发明原理有 4 条，分别是 1“分割原理”，10“预先作用原理”，11“事先防范原理”和 35“物理或化学参数改变原理”。

并不是矛盾矩阵表中给出的所有发明原理都能用于解决本案例的问题。通过仔细分析和反复论证，确定可用原理有分割原理与预先作用原理。

于是我们设想将同步带轮分为两部分，然后再组装起来，且在组合同步带轮上预先放置安全销，当出现过载时被剪断，从而发挥过载保护的作用。

3. 解决方案

改进后的同步带轮结构如图 10-14 所示，轮体的内孔与轴套外圆相配合，轮体和轴套上对应位置开有轴向销孔，安全销穿入轮体和轴套上的销孔，将轮体和轴套连接在一起。为了防止安全销轴向窜动，固定于轮体端面的卡板插入安全销的止口内；为了避免安全销在剪断时损坏销孔壁，可在轮体和销孔内加上销套。

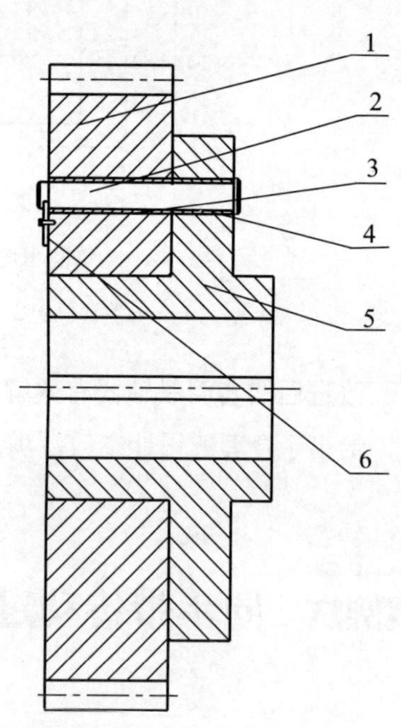

图 10-14　改进后的同步带轮结构

1—轮体；2—安全销；3—轮体销套；4—轴套销套；5—轴套；6—卡板

当工作过程中出现过载时，在极限扭矩作用下，安全销被剪断，虽然电机继续带动从

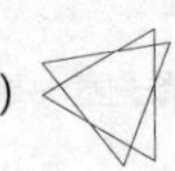

动轮转动，但因安全销被剪断从而使轮体空转，轴套停止转动，使与轴套相连的工作轴不转动，避免出现因过载造成电机或重要机件损坏的情形，在排除故障后换上新的安全销即可。

改进后的同步带轮已应用于六辊烫平机的传动装置中，实现了过载保护功能。其上也可安装报警装置，安全销剪断后及时发出控制信号，自动切断电源，并通知维修人员更换新的安全销。

案例七　锤式破碎机新型锤头的设计

1. 问题描述

锤式破碎机是广泛应用于矿山、冶金、建材及煤矿等行业的破碎机械。典型的单转子定向锤式破碎机的结构如图10-15所示。锤头1、锤盘2和主轴3组成的回转体称为转子。锤头1用销轴铰接并悬挂在锤盘2上，而锤盘2装配在主轴3上。机壳下半部装有与锤头1形成一定间隙的弧形篦条4。物料从喂料口落下进入破碎腔，在高速旋转的锤头1撞击下被敲碎，其中大块物料从锤头1处获得

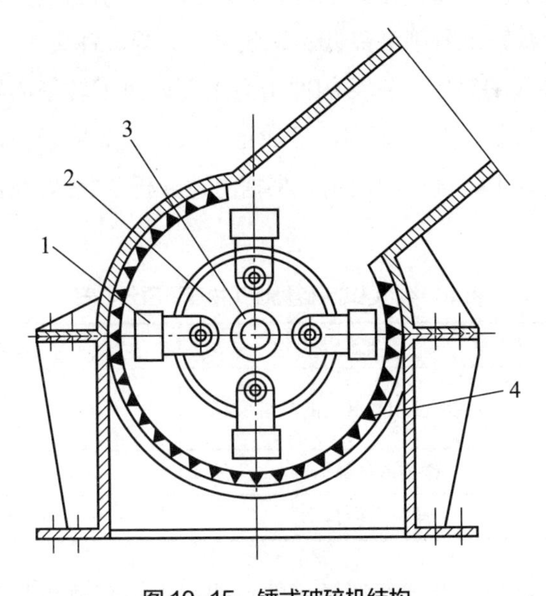

图10-15　锤式破碎机结构

1—锤头；2—锤盘；3—主轴；4—篦条

动能，飞向篦条 4 再次被敲碎，被篦条 4 弹回的物料又有可能受到锤头 1 的撞击，落在下部弧形篦条 4 上的物料又会受到锤头 1 的研磨、挤压再次破碎。与此同时，物料之间也会相互撞击而破碎。达到所需粒度后的物料经篦条 4 缝隙排出机外。锤头 1 的工作面除受到物料的撞击外，还受到物料的冲刷和研磨，这样长期反复使用最终导致磨损失效。锤式破碎机锤头磨损快，使用寿命短，成为该机的突出问题。为此，我们运用 TRIZ 理论对锤式破碎机使用中遇到的矛盾和问题进行分析，寻找解决问题的发明原理，最后根据适用的发明原理和结合实际工程经验，提出新型锤头设计方案，实现了延长使用寿命，提高材料利用率，节约维修费用的目的。

2. 问题分析

首先，确定锤式破碎机锤头为创新研究对象，通过对目前锤头存在的问题进行分析，发现同时存在技术矛盾和物理矛盾，然后，针对不同的矛盾类型，应用矛盾矩阵表及分离原理与发明原理的关系，选择适用的发明原理。

（1）物理矛盾分析　与物料撞击的锤头端部主要承受冲击力和摩擦力的作用，需要足够的硬度与耐磨性，而锤柄主要承受交变的弯曲应力作用，应该具有一定的强度和塑性，对于同一材料而言，这两者本身就是相互矛盾的，增加其硬度和耐磨性，塑性就会下降。锤头重量与破碎能力成正比，但增加重量会加大能耗，提高成本，而减轻重量则会降低破碎效果。另外，锤头重量更主要受到给料粒度和转子技术参数的限制。锤头的冲击力主要取决于转子的转速和锤头重量，冲击力大，破碎效果好，生产率高，但冲击力大，锤头磨损快，能耗高。另外，转子的转速还受到转子体直径的限制。根据上述分析，归纳出锤头的 3 对物理矛盾（表 10-4）。

表 10-4　锤式破碎机锤头物理矛盾分析表

序号	物理矛盾	分离原理
1	锤头硬度和耐磨性的高与低	空间分离 时间分离
2	锤头重量重与轻	条件分离
3	冲击力大与小	系统级别分离

（2）技术矛盾分析　设计新型锤头的目的在于提高锤头强度（TRIZ 理论对强度的描述和材料力学的定义有所不同，TRIZ 理论将强度描述为“在限定的条

件下，物体或系统吸收力量、速度及应力等因素而不被破坏的能力”，机械工程将强度定义为“零件承受载荷后抵抗发生断裂或超过容许限度的残余变形的能力”；TRIZ理论所述的强度不但包括材料强度，还包括材料硬度、耐磨性等性能指标，我们称之为广义强度），减少锤头磨损，延长使用寿命。提高锤头强度（主要指硬度和耐磨性），又会降低材料的塑性，导致锤头断裂（恶化了产生的有害因素）。锤头磨损主要是锤头与物料相互撞击的结果，减小冲击力，虽然会减少锤头的磨损，但会降低破碎效果。

通过分析，采用39个通用工程参数，定义锤式破碎机锤头的技术矛盾分别为“强度（主要指硬度和耐磨性）”与“运动物体（锤头）的重量”、“对象（锤头）产生的有害因素”之间的矛盾；“物质损失（锤头磨损）”与“力”（冲击力）之间的矛盾；“运动物体作用时间（锤头使用寿命）”与“可制造性（制造难度与成本）”之间的矛盾。其中，恶化的参数为“运动物体的重量”“对象产生的有害因素”“力”“可制造性”，改善的参数为“强度”“物质损失”“运动物体作用时间”。根据TRIZ矛盾矩阵表，构建表10-4所示锤式破碎机锤头矛盾矩阵分析表。表10-5中数字代表39个通用工程参数序号或40条发明原理编号。

表10-5　案例七矛盾矩阵分析表

改善的参数	恶化的参数	发明原理编号
强度（14）	运动物体的重量（1）	1，8，40，15
	对象产生的有害因素（31）	15，35，22，2
物质损失（23）	力（10）	14，15，18，40
运动物体作用时间（15）	可制造性（32）	27，1，4

并不是表10-5给出的发明原理都能用于解决本案例问题，根据分析，可用的发明原理有：1“分割原理”，15“动态特性原理”，14“曲面化原理”，40“复合材料原理”。

根据表6-3列出的分离原理和40条发明原理的对应关系，对于锤头中存在的3对物理矛盾，可以选择1“分割原理”、3“局部质量原理”、14“曲面化原理”、15“动态特性原理”、34“抛弃或再生原理”、40“复合材料原理”等来解决。由此我们看到，由技术矛盾和物理矛盾分析所得到的发明原理是有交集的，通过物理矛盾分析，又增加了3“局部质量原理”和34“抛弃或再生原理”。

分割原理启示我们，可以将一个物体分成相互独立的部分，并且使各部分容易组装及拆卸。尝试将整体式锤头分成容易组装及拆卸的锤体和锤柄两部分。

局部质量原理启示我们，使组成物体的不同部分完成不同的功能，让物体的各部分处于执行各自功能的最佳状态。让锤柄与销轴铰接完成回转功能和支撑功能，让锤体与物料撞击完成破碎功能，并处于执行各自功能的最佳状态。

曲面化原理启示我们，将直线或平面部分用曲线或曲面代替，立方形用球形代替；采用柱体、球体、螺旋体；用旋转运动代替直线运动。于是将立方形锤体用球台状锤体代替，并使其绕自身轴线转动。

动态特性原理启示我们，使不动的物体成为可动的，特性变化应当在每一工作阶段都是最佳的。让锤体与锤柄上部空心杆外圆形成间隙配合，使不动的锤体成为可动的，在冲击力的作用下，锤体会做周向转动，球面上任一点都有与物料撞击的概率。

抛弃或再生原理启示我们，当一个物体完成了其功能或变得无用时，抛弃或再生该物体中的一个元件，而不是报废整个物体，所以当锤体磨损到不能再用时，更换新的锤体，而锤柄及其他连接件可继续使用。

国内锤头所用材料以高锰钢为主。经过分析可知，高锰钢锤头具有较好的韧性，在较大冲击力作用下可使表面产生加工硬化现象，大幅度提高其表面硬度，但由于破碎某些物料受到的冲击并不强烈，高锰钢具有的加工硬化性能不能充分得以发挥，因此高锰钢锤头表现出磨损快、使用寿命短的弱点。根据复合材料发明原理，将材质单一的高锰钢材料改为复合材料，于是在新型锤头锤体的高锰钢基体内镶铸高铬铸铁耐磨环。高铬铸铁是继高锰钢和镍硬Ⅳ铸铁后的第 3 代耐磨材料，它的硬度可达到 60 HRC，其组织中容易形成显微硬度较高的 M7C3 型碳化物，该类型碳化物的数量越大，其耐磨性越好，但是整体高铬铸铁锤头存在浇注困难、冲击韧性差、容易断裂等缺陷，以至于它的使用受到限制。用高铬铸铁制作成耐磨环镶铸到高锰钢基体里，镶铸的界面呈冶金结合，前者的硬质相 M7C3 型碳化物还会部分地漂移和扩散到高锰钢中，使锤体打击面既耐磨又耐冲击，不会产生断裂，充分发挥了两种材料的优势。

3. 设计方案

设计的新型锤头如图 10-16 所示，它由锤体 1 和锤柄 4 组合而成，两者材料不同，锤体 1 采用镶铸高铬铸铁耐磨

环的 ZGMn13，基体 ZGM13 具有较高硬度和冲击韧性；锤柄 4 采用强度高、

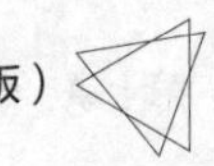

塑性好的ZG270-500。连接轴3穿过锤体1通孔，其下端与锤柄4上部空心杆外圆形成间隙配合，并由螺栓7、开口销5、槽形螺母6固定，槽形螺母6与开口销5联合使用，可有效防松动。锤体磨损不可用后，操作者不必拆下整个锤头，仅松开螺纹连接即可快速更换锤体。

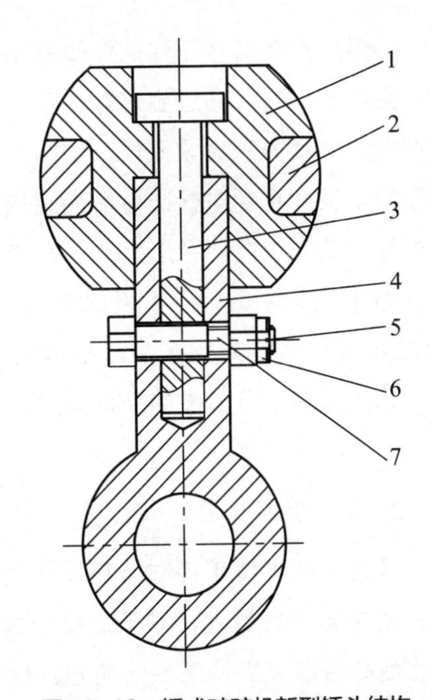

图10-16　锤式破碎机新型锤头结构

1—锤体；2—耐磨环；3—连接轴；4—锤柄；5—开口销；6—槽形螺母；7—螺栓

根据理论力学的碰撞原理，当冲击力通过锤头碰撞中心时，销轴才不会产生冲击反力，原先方形锤头的打击面为矩形，与物料的撞击点会上下随机变动，很难保证每次冲击力都通过碰撞中心，而新型锤头打击面为球面，这样与物料撞击的冲击力作用线一般会通过设定为碰撞中心的球心。满足碰撞平衡条件的新型锤头，理论上不会在销轴上产生冲击反力，从而改善销轴及转子轴承受力状态，达到减少无用能量消耗，有效降低振动和噪声的目的。另外，周向转动锤体时四周都会随机与物料撞击，整个锤体磨损均匀，这样相当于增加了打击面积，极大地提高了材料利用率。

新型锤头在破碎石灰石试用中，镶铸高铬铸铁的锤体使用寿命是整体式高锰钢锤头的5～6倍，而每次扔掉的废锤体金属仅占整个锤头重量的40%左右，其锤柄和其他连接件可以继续使用，降低了维修费用，提高了经济效益。这种新型结构的锤头可广泛应用于中小型锤式破碎机。

案例八　双向弓形夹的创新设计

1. 问题描述

如图10-17所示，标准弓形夹是一种用来夹持两件或两件以上工件的夹紧装

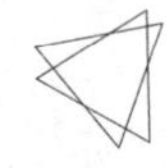

置，一般应用在对接工件的焊接或粘接中。标准弓形夹夹持工件时，通过旋进螺杆对工件施加垂直于接触面的夹紧力来夹紧工件，根据力的作用与反作用原理，工件也会对标准弓形夹施加大小相等、方向相反的反作用力。弓形夹所受反作用力产生的应力分布不均匀，限制了弓形夹的夹持能力。运用TRIZ理论分析其技术矛盾，根据发明原理改进结构设计，提高了弓形夹的夹持能力，并扩大了应用范围。

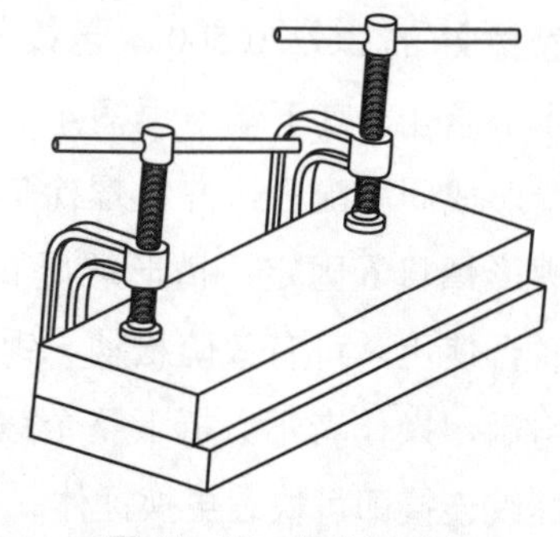

图10-17　标准弓形夹

2. 问题分析

弓形夹在夹持工件时，在反作用力作用下，弓形夹各处所受应力相差较大，在拐角内侧应力最大，对于危险截面在弓形夹的拐角处，通过改善其应力分布，就能提高弓形夹夹持工件的能力。标准弓形夹只能单侧夹紧、固定一组工件，但对于多组工件、组件和组件之间有相对位置夹持的要求，标准弓形夹很难满足要求。

弓形夹在夹持工件时，如果增大夹紧力，那么工件对弓形夹的反作用力也增大，弓形夹危险截面处所受应力也随之变大，如此工况下，强度和应力构成了一对技术矛盾，应力是被恶化的参数，而强度是欲改善的参数。标准弓形夹不能夹持多组工件，使工件组保持一定的位置关系，所以弓形夹需要重新设计，改善弓形夹的应用性、可操作性，使其能够夹持多组工件，且保持相对位置要求。相对于标准弓形夹，新的弓形夹的制造工艺需要重新制订、工艺装备需要重新购置等，增加了制造成本和加工难度，所以改善弓形夹的可操作性，势必导致可制造性的降低，所以可操作性和可制造性又构成了一对技术矛盾，可操作性是欲改善的参数，可制造性是被恶化的参数。

3. 设计方案

根据第1组可操作性（33）和可制造性（32）的技术矛盾，从矛盾矩阵表中查得对应的发明原理有：1“分割原理”、5“组合原理”和12“等势原理”。经过分析发现，组合原理对于技术矛盾的解决是有帮助的，而其他两条发明原理无助于本问题的解决。增强弓形夹的可操作性，使其能够夹持多组工件，且能保持相对位置。然而，一个标准弓形夹只能夹持一组工件，那么夹持多组工件就需要多

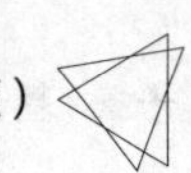

个弓形夹，但弓形夹是个体存在，不能使工件组保持相对固定的位置关系，根据第 5 条发明原理："把确定的多个系统或操作中的相同类型或协同作业结合在一起"，为此把两个弓形夹合并成一个双向弓形夹，如图 10-18 所示，可夹持两组工件，且能使工件保持固定的位置关系。

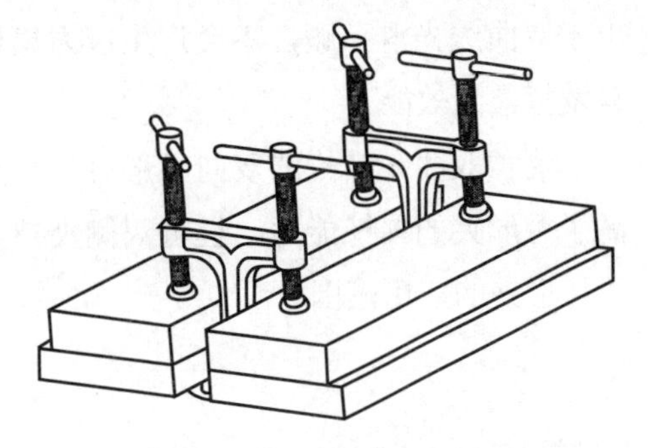

图 10-18　双向弓形夹（一）

根据第 2 组"强度（14）"和"应力或压强（11）"之间构成的技术矛盾，从矛盾矩阵表查得发明原理有：10"预先作用原理"、3"局部质量原理"、18"机械振动原理"和 40"复合材料原理"。在以上 4 条发明原理中，局部质量原理对于技术矛盾的解决是有帮助的，其他 3 条发明原理对于技术矛盾的解决基本没有帮助。弓形夹在夹持工件时，所受应力分布不均，最大应力在弓形夹拐角内侧，提高弓形夹的夹紧力就会使弓形所受的应力增大，危险截面的应力首先达到应力极限值，而弓形夹其他部分应力还没有达到应力极限值，在弓形夹危险截面处就会发生塑形变形、开裂等失效形式，说明应力分布不均限制了弓形夹的夹持能力，弓形夹各部分没有发挥最大效能，要提高弓形夹的夹持能力，使弓形夹的应力分布均匀，原有的直线轮廓无法达到这一要求，如图 10-19（a）所示。局部质量原理告诉我们："物体的每个部分都应处于最有利其发挥自身作用的状态"，弓形夹受力大的地方，其截面应大些；在工形夹受力小的地方，其截面应小些，这样弓形夹所受应力分布均匀，各部分发挥自身的作用，所以设计了一种双曲线轮廓的双向弓形夹，如图 10-19（b）所示。

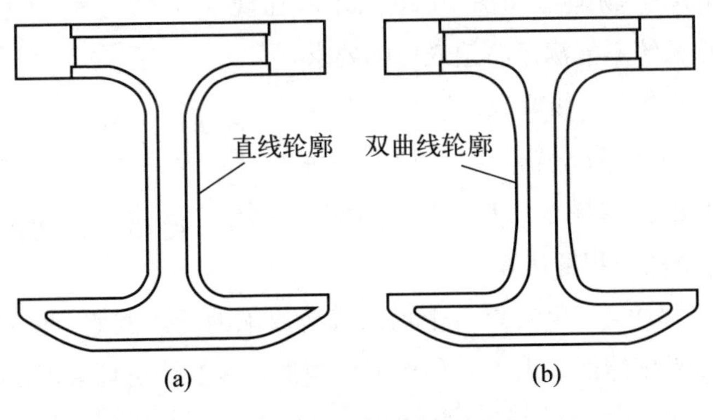

图 10-19　双向弓形夹（二）

由于双曲线光滑平顺，不会产生应力集中，从而提高了强度，节省了材料，使材料发挥最大效能。

这种双曲线结构的双向弓形夹，在夹持工件时，其所受应力分布较均匀，提高了弓形夹的夹持能力，且可双侧夹持工件，使工件保持一定的位置关系，扩大了弓形夹的应用范围。

案例九　汽车清洗问题的物 - 场模型分析

1. 问题描述

汽车在使用过程中受阳光辐射、酸雨侵蚀和使用环境等影响，时间一长表面会沉积各种腐蚀性污垢，如油脂、工业尘垢、沥青、树油、昆虫和水泥等，继而使漆面暗淡无光、漆质氧化，缩短汽车车漆寿命，因此必须要清除这些污垢。但是，对于沉积时间较长的沥青、树油等污垢，以及煤烟、焦油等工业尘垢，用普通洗涤剂和水很难冲洗掉。

2. 问题分析

应该如何改进这些污垢的清洗呢？现在，按照物 - 场分析的步骤来求解问题。

第 1 步：明确问题发生的部位，确定相关元素。

根据普通的水洗工艺，确定相关的元素为：S_1——污垢；S_2——水；F_1——机械冲击力（清洗）。

第 2 步：建立问题的物 - 场模型。

该系统的物 - 场模型如图 10-20 所示。在现有情况下，该系统不能满足希望效应的要求。

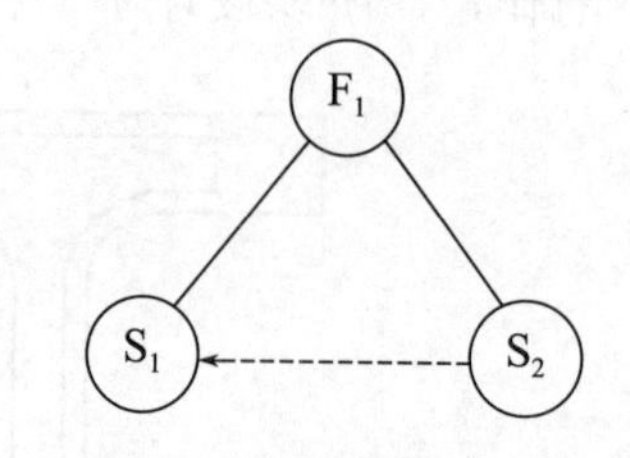

图 10-20　清洗工序物 - 场模型

第 3 步：选择物 - 场模型合适的解法。

分析：该系统属于物 - 场模型第 3 种类型——效应不足的完整模型。有 3 个一般解法，分别是解法 4、解法 5 和解法 6。

（1）应用解法 4　用另外一个场来代替原来的场。例如：使用超声波清洗，利用化学物质雾化清洗，引入某种放射场清洗，改变清洗环境温度和利用高压力场等。

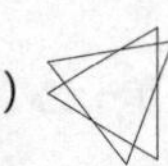

（2）应用解法 5　增加另外一个场来强化有用的效应。例如：利用磁场磁化水来改善清洗，利用含有表面活性剂的化学特性水来改善清洗，利用热水的热能来改善清洗和利用含有某种生物反应的特性水来改善清洗等。

（3）应用解法 6　增加 1 个物质，并加上另外 1 个场来提高有用效应。例如：利用含有表面活性剂的过热蒸汽和高压力场来改善清洗。

第 4 步：得到解决方案的物 - 场模型。

在本实例中，我们采用解法 6 的方案，如图 10-21 所示。

S_3 表示含有表面活性剂的过热蒸汽；F_2 表示高压力。

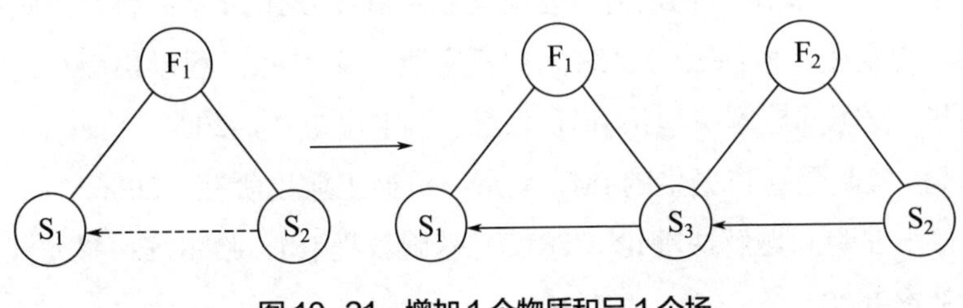

图 10-21　增加 1 个物质和另 1 个场

3. 解决方案

使用含有表面活性剂的过热蒸汽且与高压力相结合。含有表面活性剂的过热蒸汽在与汽车表面沉积的污垢发生化学反应的同时，将对污垢形成强烈的爆炸冲击，从而将污垢彻底从车体表面清除。

参考文献

[1] 路甬祥. 以“创新设计”引领“中国制造”[J]. 中国科技产业，2015（12）：18-19.

[2] 王亮申，孙峰华等. TRIZ 创新理论与应用原理 [M]. 北京：科学出版社，2010.

[3] 赵敏，史晓凌，段海波. TRIZ 入门及实践 [M]. 北京：科学出版社，2009.

[4] 檀润华. 发明问题解决理论 [M]. 北京：科学出版社，2004.

[5] 杨清亮. 发明是这样诞生的 [M]. 北京：机械工业出版社，2006.

[6] 陈广胜. 发明问题解决理论（TRIZ）基础教程 [M]. 哈尔滨：黑龙江科学技术出版社，2008.

[7] 李海军，丁雪燕. 经典 TRIZ 通俗读本 [M]. 北京：中国科学技术出版社，2009.

[8] 刘训涛，曹贺，陈国晶. TRIZ 理论及应用 [M]. 北京：北京大学出版社，2011.

[9] 孙永伟，谢尔盖·伊克万科. TRIZ：打开创新之门的金钥匙 I [M]. 北京：科学出版社，2015.

[10] 姚博. 智慧灵光：发明与发现 [M]. 北京：西苑出版社，2006.

[11] 姜台林. TRIZ 创新问题解决实践 [M]. 桂林：广西师范大学出版社，2008.

[12] 根里奇·阿奇舒勒. 寻找创意 TRIZ 理论入门 [M]. 陈素勤等译. 北京：科学出版社，2013.

[13] 徐起贺. TRIZ 创新理论实用指南 [M]. 北京：北京理工大学出版社，2011.

[14] 芮延年. 创新学原理及其应用 [M]. 北京：高等教育出版社，2007.

[15] 檀润华等. TRIZ 中技术进化定律、进化路线及应用 [J]. 工业工程与管理，2003（10）：35-36.

[16] 赵新军，侯明曦，李爱. 以 TRIZ 进化理论为基础的产品技术预测支持系统研究 [J]. 工程设计学报，2005，12（6）：321-324.

[17] 朱力. 应用 TRIZ 理论物 - 场模型分析方法解决汽车清洗问题 [J]. 新技术新工艺，2008（10）：5-6.

[18] 陈鲁，胡娟．坐具的技术系统进化 [J]. 大众科技，2010（1）：92-93.

[19] 刘志峰、胡迪、高洋等．基于 TRIZ 理论的可拆卸连接改进设计 [J]. 机械工程学报，2012，48（11）：65-71.

[20] 李正峰，王吴光，陈玉海．基于 TRIZ 理论的锤式破碎机新型锤头研究 [J]. 矿山机械，2015，43（12）：87-89.

[21] 杜春宽．弓形夹的改进设计及等强度设计 [J]. 煤炭技术，2015，34（2）：233-235.

[22] 李正峰，杜春宽，王新琴．基于 TRIZ 理论的套筒联轴器改进设计 [J]. 机械传动，2016，40（3）：85-87.

[23] 杜春宽，王新琴，陈国美等．基于 TRIZ 理论大传动比二挡变速器的设计与仿真 [J]. 机械传动，2023，47（12）：97-102.

[24] 马文樵，黄钟书．一种分体式减震锤 [P]. 中国专利：20220967482. 8，2022. 12. 16.

[25] 钱炜，胡玉彬．一种组合式减震锤 [P]. 中国专利，202121344516. x，2021. 11. 30.